U0320029

『通古察今』系列丛书

李志英 著

20世纪中国经济史研究中的环境问题

河南人民出版社

图书在版编目(CIP)数据

20世纪中国经济史研究中的环境问题 / 李志英著. —
郑州 : 河南人民出版社, 2019. 12(2024. 5 重印)
("通古察今"系列丛书)
ISBN 978 - 7 - 215 - 12033 - 4

Ⅰ. ①2… Ⅱ. ①李… Ⅲ. ①环境经济学 - 研究 -
中国 Ⅳ. ①X196

中国版本图书馆 CIP 数据核字(2019)第 271068 号

河南人民出版社出版发行

(地址:郑州市郑东新区祥盛街 27 号 邮政编码:450016 电话:0371 - 65788077)
新华书店经销　　　　　　　　　永清县晔盛亚胶印有限公司印刷
开本　787 毫米 ×1092 毫米　　　1/32　　　印张　6.25
字数　82 千字
2019 年 12 月第 1 版　　　　　　　2024 年 5 月第 2 次印刷

定价:52.00 元

"通古察今"系列丛书编辑委员会

序　言

在北京师范大学的百余年发展历程中，历史学科始终占有重要地位。经过几代人的不懈努力，今天的北京师范大学历史学院业已成为史学研究的重要基地，是国家首批博士学位一级学科授予权单位，拥有国家重点学科、博士后流动站、教育部人文社会科学重点研究基地等一系列学术平台，综合实力居全国高校历史学科前列。目前被列入国家一流大学一流学科建设行列，正在向世界一流学科迈进。在教学方面，历史学院的课程改革、教材编纂、教书育人，都取得了显著的成绩，曾荣获国家教学改革成果一等奖。在科学研究方面，同样取得了令人瞩目的成就，在出版了由白寿彝教授任总主编、被学术界誉为"20世纪中国史学的压轴之作"的多卷本《中国通史》后，一批底蕴深厚、质量高超的学术论著相继问世，如八卷本《中国文化发展史》、二十卷本"中国古代社会和政治研究丛书"、三卷本《清代理学史》、五卷本《历史文化认同与中国统一多民族国家》、二十三卷本《陈垣全集》，以及《历史视野下的中华民族精神》《中西古代历史、史学与理论比较研究》《上博简〈诗论〉研究》等，这些著作皆声誉卓著，在学界产生较大影响，得到同行普遍好评。

除上述著作外，历史学院的教师们潜心学术，以探索精神攻关，又陆续取得了众多具有原创性的成果，在历史学各分支学科的研究上连创佳绩，始终处在学科前沿。为了集中展示历史学院的这些探索性成果，我们组织编写了这套"通古察今"系列丛书。丛书所收著作多以问题为导向，集中解决古今中外历史上值得关注的重要学术问题，篇幅虽小，然问题意识明显，学术视野尤为开阔。希冀它的出版，在促进北京师范大学历史学科更好发展的同时，为学术界乃至全社会贡献一批真正立得住的学术佳作。

当然，作为探索性的系列丛书，不成熟乃至疏漏之处在所难免，还望学界同人不吝赐教。

北京师范大学历史学院
北京师范大学史学理论与史学史研究中心
北京师范大学"通古察今"系列丛书编辑委员会
2019 年 1 月

目　录

导　言

　　环境史是 20 世纪七八十年代才兴起的一个新的史学研究领域。至于传到中国则更晚，大约已经到了 20 世纪 90 年代。但是，这个晚出的学术领域发展却很快，至今已经有众多学者关注，并且产生了为数不少的研究成果。研究的问题涉及方方面面，既包括生态环境的研究，也有人文环境的研究；既包括古代环境变迁的研究，也关注近现代工业文明条件下的环境问题；既涉及陆地生态的研究，也探究了海洋生态环境的研究；甚至物种的变化、新产品的出现对环境的影响等方面，均有比较深入的研究。

　　总体来看，目前学界的研究多集中在相关史实的探究方面，理论方面则主要集中在环境史的理论思考和理论架构方面。包茂红在《环境史学的起源与发展》[1] 中介绍了非洲、英国、美国、日本、澳大利亚等国家和地区的环境史研究情况，从全球的视野对环境史的兴起、发展、理论、方法及存在的问题进行分析，提出在借鉴西方环境史学成果的基础上，应该逐步创建中国的环境史学派；梅雪芹长期致力于环境史的研究和理论探索，由她翻译的唐纳德·休斯的专著《什么是环境史》[2] 为国内学者了解环境史提供了便利，发表论文《中国环境史的过去、现在和未来》[3]《环境史：一种新的历史叙述》[4]《环境史思维习惯：中国近代环境史跨学科研究的起点》[5] 等，从不同角度分析环境史学的价值与意义，其研究成果集中体现在《环境史研

---

[1] 包茂红：《环境史学的起源与发展》，北京大学出版社，2012 年。

[2] 〔美〕唐纳德·休斯：《什么是环境史》，梅雪芹译，北京大学出版社，2008 年。

[3] 梅雪芹：《中国环境史的过去、现在和未来》，载《史学月刊》，2009年第 6 期。

[4] 梅雪芹：《环境史：一种新的历史叙述》，载《历史教学问题》，2007年第 3 期。

[5] 梅雪芹：《环境史思维习惯：中国近代环境史跨学科研究的起点》，载《中国社会科学报》，2010 年 9 月 9 日。

究叙论》[1] 和《环境史学与环境问题》[2] 两部著作中，前者包括 20 世纪晚期环境史研究的兴起，从环境的历史到环境史，环境史兴起的学术意义，马克思主义与环境史研究，以水利、霍乱等为例看环境史的主题，后者则对环境史学的兴起与发展、定义与对象、资料与方法以及中国环境史研究和学科建设等问题进行了探讨，并对 18 世纪工业革命以来西方主要国家的环境问题进行了考察和专题探讨；王利华的《徘徊在人与自然之间——中国生态环境史探索》[3] 对中国环境史的学术渊源、学科定位、学科建构、理论基础、研究方法、人才培养以及环境史与其他学科的关系等问题，提出思考、设想和建议，还涉及历史上华北水土环境、动植物资源变化及其与农牧渔业生产等问题。其主编的另一部著作《中国历史上的环境与社会》[4] 为论文汇编，共收入论文 33 篇，从环境史研究的架构与理论

[1]　梅雪芹：《环境史研究叙论》，中国环境科学出版社，2011 年。

[2]　梅雪芹：《环境史学与环境问题》，人民出版社，2004 年。

[3]　王利华：《徘徊在人与自然之间——中国生态环境史探索》，天津古籍出版社，2012 年。

[4]　王利华主编：《中国历史上的环境与社会》，生活·读书·新知三联书店，2007 年。

方法、经济活动对环境的影响、水利与国计民生、灾病与环境、自然与环境的关系等五个方面，论述了中国历史上环境对社会与人类的影响。由此可知，由于环境史是新发生的研究领域，所以，学者比较注重学科的理论架构和研究方法的探究，并且有比较多的研究成果。但是，理论研究的另外一个方面，即人们的思想如何变化，人们对于环境问题的认识如何逐渐走向深入，环境史如何在其他学科中逐渐孕育并逐渐独立成为一个专门的研究领域，其研究成果则相对来讲并不是特别多。甚至可以说很少，即环境思想史的研究还相对比较薄弱，还在起步过程中，至于分门别类的研究环境史在中国近代学术转型中的产生和影响则更是少之又少。

本书试图从经济史的角度来探讨环境思想的逐步诞生。中国的经济史研究其实也是一门比较年轻的学科，但相比环境史还是年长一些，它随着 20 世纪的诞生而诞生，在其诞生和成长的过程中又伴随着中国近代经济的发展特别是近代工业的发展，而工业经济的发展不但是人类有史以来发展最快的经济形态，同时也是人类向自然索取最多的经济形态，因而发生的环境问题也就最多，对从事生产劳动的工人的影响也最大。因此，经济史的研究不可能不关注这些问题，于是环境思想就在经济史的母体中逐渐孕育了。所以，环境史并非凭空产生，在环境史没有正式出现之前人们也并非不关心环境问题。环境史首先在其他学科中孕育，逐步发育成熟后才逐渐独立成为一门学科。

一、近代中国史学的转型
与经济史的产生

　　中国的经济史学科与 20 世纪一同降生，它的百年运行轨迹紧随中国民族命运的步伐，紧随中国学术的发展步伐，并且因学科的独特性而从一开始就与环境问题紧密相连。而中国史学的近代转型始于鸦片战争后，是近代中国民族危机、中国社会转型的产物，因而中国的经济史研究也是近代中国学术转型的产物。

1. 经世派史学表现出的史学新趋向

　　在中国古代长达数千年的历史发展中，社会运行的轨迹始终呈现出治乱相替的特点，统治危机不断发生，这就导致历代统治者始终将实现长治久安放在维持统治目的的首位，苦苦探询长治久安之策。在统治阶级意识形态的主导下，文人墨客也都将寻求维护统治的有效政策与策略方法作为学术探究的重点。他们期望以史为鉴，从历史的创巨痛深中吸取教训，引以为戒，避免重蹈前朝覆辙。从中国古代文人史家的世界观看，他们历来恪守"修身齐家治国平天下"的人生价值，并在此基础上建构了著书立说以济天下的价值观。司马光在谈到他撰《资治通鉴》的目的时说："每患迁、固以来，文字繁多，自布衣之士，读之不遍，况于人主，日有万机，何暇周览！臣常不自揆，欲删削冗长，举撮机要，专取关国家盛衰，系生民休戚，善可为法者，恶可为戒者，为编年一书，使先后有伦，粗精不杂。……鉴前世之兴衰，考当今之得失，嘉善矜恶，取是舍非，足以懋稽古之盛德，跻无前之至治。"[1] 这段话，典型地代表了中国文人墨客史家治史的目的，就是要通过纵向考察前朝望代的治乱兴盛和是非得失，为统治阶级提供历史借鉴和现实启迪，并借此表

---

[1] 司马光:《进资治通鉴表》。

达其对现实社会的强烈关注。可以说，中国文人治史从来就有强烈的现实关怀，他们治史之目的绝不单纯是学术的。从严格意义上说，中国古代并没有纯粹的学术研究传统，文人的治学一般都有鲜明的为现实服务的色彩，其著书立说紧紧大都指向了现实社会的治乱兴衰。

这种关注现实的治学特点发展到鸦片战争前，由于社会危机、民族危机的日益严重而愈加发扬光大。鸦片战争前夕，清王朝逐渐走向王朝末期，统治衰象毕露，阶级矛盾日益突出，社会动荡不安。于是，注重八股考据的学派走向衰微，注重经世致用的学派崛起。这些人治学的焦点大多是社会问题，主要集中在吏治败坏、土地集中等政治经济问题上，即所谓"志民生之休戚也，志前世之盛衰以为法戒也"[1]。然而，他们的经世致用又非古代传统的简单继承，还是带上了鲜明的时代特点。那就是，在关注现实的社会内部问题的同时，还将目光放在了日亟的外敌侵略问题上。

西方殖民主义者对中国的侵略早在 18 世纪中叶

---

[1] 李兆洛：《怀远县志序》，《李养一先生文集》卷二，咸丰元年维风堂刊本。

以后就呈现不断扩大的趋势，英国等西方殖民主义者
以控制广州外贸为目的的主权侵略活动[1]，以鸦片输入
为代表的贸易侵略活动日渐突出，规模日益扩张，对
中国的危害也日益扩大。这种外来侵略加重了中国内
部本已严重的社会矛盾，使得整个社会陷入内忧外患
的深重危机之中。这些社会变化都被关心社会现实的
文人敏锐地察觉到，并且开始了探究解决之道的历程。

1827年，湖南魏源代贺长龄编辑《皇朝经世文编》，
直接以"经世"命名，明白无误地昭示了编辑此书的
鲜明目的。全书凡120卷，收有清以来历朝各家奏议、
方志、文集、文献中的"存乎实用"的文章两千余篇，
全部为探究解决现实问题的文献章奏。为了探究外敌
对中华的危害，《文编》选载的文章注重东南各省官宦、
文人之文章，因外敌之纷扰多来自东南。其目的性十
分清楚，"盖欲识济时之要务，须通当代之典章"，而
所谓当代典章之重点是日益突出的东南之外患。后来，
魏源编纂《海国图志》，力图尽掌天下之情，在此书中
已经显露端倪了。

---

[1] 汪敬虞：《十九世纪西方资本主义对中国的经济侵略》，人民出版社，
1983年，第7—66页。

经世致用派的另一旗帜性人物龚自珍则地祭起了"诵本朝之法，读本朝之书"[1]的旗帜，明确将治学的重点放在对现实社会问题的探究上。他认为，历史发展到晚清，社会矛盾已经十分尖锐，问题的症结就在于"贫者日愈倾，富者日愈壅""大略计之，浮不足之数相去愈远，则亡愈速；去稍近，治亦稍速。千万载治乱兴亡之数，直以是券矣"。如果不能解决贫富差距日益加大的问题，则亡国大祸降临，"其始，不过贫富不相齐之为之尔。小不相齐，渐至大不相齐；大不相齐，至丧天下"[2]。除了内乱，外患是另一重要的现实问题。对于西方侵略者猖獗的鸦片走私，龚自珍极为忧虑，他认为，鸦片走私将会使中国"丧金万万，食妖大行"。因此，当林则徐前往广东禁烟时，他写了《送钦差大臣侯官林公序》，表达了对鸦片大量流入中国的深刻关切，主张以严厉措施禁烟，并建议整修武器，加强戒备，守卫海口，反击外来侵略。

---

[1]　龚自珍:《乙丙之际箸议第六》，见《龚自珍全集》，上海人民出版社，1975 年，第 4 页。

[2]　龚自珍:《平均篇》，见《龚自珍全集》，上海人民出版社，1975 年，第 78—79 页。

此一时期，西方资本主义对中国的侵略，虽然也伴以武装的挑衅，但主要的方式还是以所谓合法贸易以及非法贸易的方式进行的经济侵略。这种样式的侵略，在中国历史上是不常见的，带来的危害又是巨大的，当然会引起人们的强烈关注，并且加强了研究，力图探究其中的深层原因。另外，中国社会内部的贫富差距、土地集中等社会问题，均以政治经济问题的形式表现出来。内部问题与外部问题一道，从社会经济层面构成了严重的社会挑战，同时也是对中国学术的挑战。从而引发中国史学加强了对此类问题的关注和探究。但是，中国史学虽然在鸦片战争前已经表现出了新的趋势，但是并没有解决学术的现代转型问题。

鸦片战争后，帝国主义和中华民族的矛盾成为社会的主要矛盾。从此以后，抗敌御侮、救亡图存和变法自强成了绵延百余年的时代最强音。原有的以"资治"为鹄的的传统的经世致用史学宗旨和经世派学术已经不能适应时代的要求，已经无法承担起挽救国家和民族危亡的历史使命。于是，以抗敌御侮、探索救国真理为宗旨的外国史地研究勃然兴起。

2. 外国史地研究的兴起及其带来的新视野

林则徐的《四洲志》是第一本这样的著作，它的问世像报春的红梅，引来一大批志士仁人放眼看世界，潜心学习和研究西方的社会历史地理。一批介绍和研究外国史地的著述接踵问世，有魏源的《海国图志》和《英吉利小记》，陈逢衡的《英吉利纪略》，汪文泰的《红毛蕃英吉利考略》，李兆洛的《西洋奇器述》，姚莹的《英吉利国志》，王蕴香的《海外藩夷录》，梁廷枏的《海国四说》《夷氛闻记》，徐继畬的《瀛环志略》，夏燮的《中西纪事》，等等。上述著述无一不以介绍西方各国情况为己任，广泛搜罗资料，爬梳以往史书，详细介绍外国特别是西方诸国的政治经济文化情况，并且从各自的理解出发回答了中国社会面临的急迫问题。即如何通过洞悉夷情，来达到御侮雪耻的目的。

魏源在《海国图志序》中说："是书何以作？曰：为以夷攻夷而作，为以夷款夷而作，为师夷长技以制夷而作。"魏源的"师夷长技以制夷"思想在中国近代史上影响久远，影响了一代又一代人，激励着人们为制夷而发奋学习。实际上，魏源此时所说的长技并非像后人理解的那样宏大精深，其关注点是集中在外国军事技术上的。他说："夷之长技三：一、战舰，二、火器，三、养兵、练兵之法。"[1]也就是说，在魏源的眼中，所谓中国人应当向西夷学习的长技应当是对中国安全威胁最大的西方近代军事技术。这样的表达表明魏源关注的中心是国家的安全问题，是民族危亡问题。然而他学习西方的思想不仅仅止于此，而是包括了更多、更丰富的内容。这正是魏源的可贵之处，他在焦虑于民族危亡的同时，还是顺带看到了其他问题。他提出要学习西方的经验，发展民用工业，"凡有关民用者，皆可于此建立"，他不仅介绍了外国的铁路、银行、保险等工商业情况，还主张"沿海商民有自愿仿设厂局以造船械，或自用、或出售听之"[2]。即是说，魏源的注意力不仅在政治军事上，也因此触及了社会

---

[1] 魏源：《海国图志》，见《魏源全集》（第四册），岳麓书社，2004年，第27页。

[2] 魏源：《海国图志》，见《魏源全集》（第四册），岳麓书社，2004年，第33页。

经济层面，并且主张发展民间经营，力图突破国家经营的局限性。这样的思想即使在今天看来也是很可贵的，其思想十分超前。

梁廷枏所著《夷氛闻记》和《海国四说》均为针对社会现实需要的经世之作。根据邵循正先生的考证，《夷氛闻记》成书于道光末年[1]，为专门记述鸦片战争的史著。全书共五卷，第一卷自康熙年间中英贸易开始叙述，认为"英夷狡焉思逞志于内地久矣"，其后英国侵略中国的行动日益升级。印度占据孟加拉之后，"循东南洋转相贩买。自恨其实舟不能至粤"，雍正十二年（1734年）"市粤，……厚集赀本为公司，称'公班衙'（Company），掌以班酋，司贸易"[2]。乾隆朝以后多次派使官到中国，或者要求开放口岸，或者示好，企图打开中国的大门，最终将中国纳入其贸易通商体系。书中还叙述了英国与葡萄牙等其他欧洲国家对华贸易的关系和简况。通过分析各国的情况，他准确地认识到英国是西方诸国中实力最强的国家，终将为害中国。全书还叙述了鸦片战争的过程中，在热情歌颂林则徐、

[1]　梁廷枏：《夷氛闻记》（邵循正校注本），中华书局，1959 年，第 2 页。
[2]　梁廷枏：《夷氛闻记》（邵循正校注本），中华书局，1959 年，第 1 页。

邓廷桢等人的抵抗斗争，歌颂广东人民的抗英斗争的同时，特别注意了以英国为代表的西方国家对华贸易的特点及其行为的经济品格，认为"英商故狡狯，心计析及铢锱"[1]。他指出，贸易及收益是英商特别看重的东西，其军事行为也是为此而来，与历史上中国遭遇的历次游牧民族入侵攻城略地抢财的目的是明显不同的。最后他在总结鸦片战争的教训时特别指出："我军之北，不尽关武备之废弛，与将帅之无谋也。"那么，中国的将帅为什么会在这些西夷面前变得无谋呢？他说，这种情况出现一方面与西方国家军事制度的先进有关，"兵队皆出雇佣，酬赏重而驱策严。火器有为西海数百年长技"；另一方面，则与其战争目的有关，"夷意主掌市牟利，倾国意求尝试，先定旷日持久之谋，不得逞于粤，则肆毒于闽浙"。他们为了达到所谓的贸易目的而采用这种侵略手段显然非常特别，并且很有效，因此即使是像林则徐这样的"聪达谙练，集思广益，视国如家"之人，也只能"临别唏嘘，叹洋氛不知何时了。盖至是虽文忠亦无如何矣"。因此，中

---

[1] 梁廷枏:《夷氛闻记》(邵循正校注本)，中华书局，1959 年，第 2 页。

国欲战而胜之，必须像林则徐那样"取其新闻纸与月报，洞悉其情"，应根据英敌之"兵食资于商人，货滞则商无所出，船愈多而费愈重"的特点，断其贸易与供应，如此一来则英敌"断不肯以空虚难继之货，深入南北适中进易退难之地"。同时梁廷枏还特别提出了海战问题，认为中国今后欲战胜海上入侵之敌，必须铸造巨舰，整训水师，使之善于海战，这样才能"利在久远"[1]。

梁廷枏的《海国四说》为外国史地著作，书中记述了美国、英国及粤贡诸国的情况。这本书杀青于道光二十六年（1846 年）[2]，与《夷氛闻记》的成书年代基本相同。因此，梁廷枏在这本书中也探究了西方诸国的特点，反复提出英美等国"实以贸易为本务"，"其人喜谋利"，"西海诸国，咸以市易为正务"，"英吉利，惟利是务，虽其王，亦且与民合赀为之。故凡市事之便于获利者，谋无弗至"[3]。西海诸国的这种特性，与

---

[1] 梁廷枏:《夷氛闻记》(邵循正校注本)，中华书局，1959 年，第 169—171 页。

[2] 骆驿:《海国四说》，中华书局，1993 年，第 1 页。

[3] 梁廷枏:《海国四说》(合省国说、蓝仑国说)，中华书局，1993 年。

中国以农立国、崇本抑末的思想是完全不同的。这样的眼光显然是敏锐的，抓住了问题的实质。

梁廷枏的策略在今天看来并非完全正确，但是他抓住了英美等国社会经济和人们思想行为的特点，并且注意到贸易问题以及经济问题在战争和中西关系中的重要性，确实是有见地的。因此，他的研究实际上是提出了史学研究中专门的经济问题研究的重要性。

值得注意的还有夏燮。夏燮耗时 23 年写成了《中西纪事》，这本书的主要内容是记述鸦片战争中的长江之役、台湾抗英将领姚莹遭受诬陷事件，以及广州人民的反英人入城斗争。但实际上他最初的关注点是五口通商和贸易问题。对于中西关系的来龙去脉以及西方人对中国通商的历史，他的记述比梁廷枏的记述更详细、更系统。他非常关注如何通过反抗斗争遏制西方侵略者对中国进一步经济侵略的问题，"这一年冬天，《江宁条约》条款刚刚传出，他就在致友人书中加以痛切的评论。他说：开放五口通商，使侵略者在中国俨然成为主人。他们'得陇望蜀'，欲壑难填。'通商码头，东南四省联络一气，向则开门揖盗，今且入室操戈矣'"。"他又说，条约中制订开放那些通商码头，却不明载不准通商的码头，他们就会要求开放在北方的码头。今日不在条约中载明，'杜其觊觎之渐'，将来'乃恐别生枝节'。譬如天津一地，即很又可能成为他们下一步的目标，所以要切实防备'二千一百万清款后，该夷火轮船赴天津要求通商'的发生。"[1] "于是他立志著史，自次年起，即'搜邸钞文报及新闻纸之可据者，录而存之'。"[2] 从通商贸易出发导向了政府的通商政策问题，并最终产生了一本主要阐述政治问题和政治见解的著述，并没有给予通商贸易等问题以更多的关注和更深入的探究。

夏燮的研究路径在民族危机的焦虑中产生是很自然的，但也说明仅仅有对经济现象的关注是无法产生本来意义上的经济史著作的，如果没有学术分科的视野，没有学科体系的现代意识，最终研究还将会回归政治问题。因为中国传统史学本质上是为王朝统治服务、为王朝做史的，史家关注的是治乱兴替和王朝更

---

[1] 陈其泰：《中国近代史学的历程》，河南人民出版社，1994 年，第163 页。

[2] 白寿彝主编：《中国史学史》，北京师范大学出版社，2004 年，第312 页。

迭，落脚点是长治久安之策。在中国刚刚迈入近代门
槛时，人们还很难冲破和摆脱传统的思维模式。另外，
近代中国社会面临的主要问题是反侵略问题，是维护
国家主权和民族独立的问题，这个问题带来的强烈刺
激是亘古未有的，人们注意力自然会集中在这个问题
上，探究的中心也会集中在社会政治问题上。这表明，
经济史等分科专史的产生并不能仅仅依赖于发生对问
题的兴趣和关注，还必须有专业的视野和现代学术意
识，并产生现代意义的经济史著述，也才能对近代中
国面临的严重的经济问题有更深刻的认识。

　　然经世致用派的撰述对于经济史的产生来说并非
完全没有意义，其意义在于，他们将庙堂之上讨论
的鸦片、贸易、通商等政策和政治问题，搬进了史
著，使之成为史学研究的问题之一，从而为中国史学
经世致用和关注现实的传统增添了新的内容和新的关
注点。

　　19世纪六七十年代之后，经济现象越来越多地进
入史著的视野。随着西方资本主义侵略的不断加深，
以及西方资本主义文明的不断传入，介绍和研究西方
资本主义、改革和发展中国的经济的任务日益急迫，

文人史家的著述中越来越多地涉及了西方资本主义的经济现象和科技发展在经济发展中的应用。

1871 年，王韬撰写了《法国志略》，1890 年又重订增补出版。全书凡 24 卷，除介绍了法国的基本情况、法国历史、王朝更迭、近代以来的法国战争、法国议会的活动外，还专设"广志"上下两篇，其中的社会经济方面涉及了国用、税务、国债、银肆、商务、车路、邮政、水利等经济民生问题。此外，作者还介绍了 1878 年 5 月法国巴黎博览会的盛况，以及法国的贸易、通商、殖民等活动。这部书并非通俗的介绍性读物，王韬在介绍情况的同时都要谈自己的思考。如在叙述了欧洲各国铁路交通和电报通信的情况后，他先是惊叹于西方科学技术的飞速发展和由于科学技术的发展给社会进步带来的促进作用，"车路之建不过五十年，电线之行不过三四十年，而甚已如此，飚发风驰，遍于各国，抑何速也！"紧接着又指出了铁路与通信的相辅相成的关系，他认为二者"必相辅而行，互为表里"，方能显其神气和作用。这种认识就是在今天看来也是十分正确的，因为即使是铁路运输发展到高速铁路的今天，离开了现代通信技术，高铁也是无法安全运行的。王韬还高度评价了铁路和通信技术对于提高国力的作用，他认为通过观察一个国家铁路和通信的发展水平，可以"而籍以觇国势之强盛焉"[1]。因此，中国应当大力发展铁路和通信技术。对于当时中国尚未自主建立的银行，王韬认为银行可以"通有无，济缓急，便取携，盛贸易"[2]。对于邮政，他认为有三大优点：便利、妥当和费用低廉。上述科技发明和现代金融制度对于西方国家的富强和发展具有重要作用。因此，王韬认为中国学习西方必须先富而后强，"方今泰西诸国，智术日开，穷性尽理，务以富强其国。而我民人因陋自安，曾不知天壤间有瑰伟绝特之事，则人何以自奋？！国何以自立？！"[3]可以看出，王韬著作中谈及的经济现象已经远远超出贸易问题，涉及了社会经济的诸多领域，而且呈现多样化的状态。随着诸多经济现象进入研究视野，王韬对于经济现象的认识、经济问题的探讨也更深入了，开始探究不同经济现象之间的联系，探究经济发展与国家进步之间的

---

[1]　王韬：《法国志略》（卷十七），光绪十六年淞隐庐铅印本。

[2]　王韬：《法国志略》（卷十七），光绪十六年淞隐庐铅印本。

[3]　王韬：《法国志略》（序），光绪十六年淞隐庐铅印本。

关系，也即是说，开始探究历史中经济现象背后的规律问题。

在王韬之后，有黄遵宪的《日本国志》问世。这本外国史著的水平又高于《法国志略》，被学术界誉为"继《海国图志》之后近代史学的又一部里程碑式的名著"[1]。这部著作是黄遵宪利用在任驻日参赞期间了解的情况、收集的一手资料，以及参考大量日本书籍和西方书籍的基础上撰写而成的。仅从史料来源来看，其价值已在主要根据二手资料[2]撰写而成的王韬的《法国志略》之上。再从内容来看，《日本国志》共40卷，50余万言，采书200余种。全书共有志12类：国统、邻交、天文、地理、职官、食货、兵、刑法、学术、礼俗、物产、工艺。书中除对日本如何学习西法、锐意革新政治作了详细记述外，还"对日本在经济、军事上如何增强国力，记述堪称详备。《职官志》中记开矿山、建铁路、置邮政，《食货志》中记税务、国计、

---

[1] 白寿彝主编：《中国史学史》，北京师范大学出版社，2004年，第318页。

[2] 马金科、洪京陵编著：《中国近代史学发展叙论》，中国人民大学出版社，1994年，第137页。

货币、商务、新式产业和对外输出，《兵志》中讲采用征兵制的优点，都是著者记述的重点。书中还有各式各样的表，如邮政局表，官有矿山表，民有矿山表，铁道表，岁出岁入总计表等"，"对于明治维新大力发展资本主义的措施，如兴办新式企业、奖励对外输出、开办国有企业、扶植民间专业性大企业、对国内产品实行免税鼓励出口、重视采择利于发展产业的各种建议，以及商人联合起来组织'会社'等"[1]都给予重视，并对其中的利弊、经验与教训加以总结。他认为"日本维新以来，尤注意于求富。……其用心良苦，而法亦颇善。观于此者，可以知其得失之所在矣"[2]。黄遵宪同时代其他人的著述也有介绍西方经济现象的，诸如铁路、邮政、银行、纺织机等也常出现在这些著作中，但是黄遵宪的介绍显然深入多了，"黄遵宪在《日本国志》中大量输入了西方近代经济观念，如奖殖产业、崇尚竞争、讲求联合、注重理财等。他概述西方

---

[1]　白寿彝主编：《中国史学史》，北京师范大学出版社，2004年，第319—320页。

[2]　黄遵宪：《日本国志·食货志》（一），见《黄遵宪全集》（下），中华书局，2005年，第1139页。

国家采取保护政策，举国上下增殖产业、对外竞争的强烈意识，……他根据多年在国外的考察体验，描绘出一幅西方各国在激烈的竞争中发展生产、增强国力的生动图画"[1]。黄遵宪在书中论及的国家保护产业和商人、大力改进技术、培养专门人才、发展生产对外竞争等观念，已经触及了西方经济发展观念的核心，并且切中了其经济发展原因的根本，其观察、思考日本经济现象的思想已经达到比较高的水平。这是鸦片战争时期的史家如魏源、梁廷枏以及同时代的其他史家等难以相比的，说明中国史学的水平有了飞跃式的进步，也表明中国史学向经济史的进化又迈进了一步。

与鸦片战争时期史家相比，王韬、黄遵宪等人的史学思想显著进步的另一点是，他们已经能够从外国情况出发反观中国，从而能够比较客观地看待外国和中国，得出比较客观的结论了。黄遵宪自称"外史氏"，他认为日本之所以能够迅速发展，与其善于向外国学习有重要关系，"日本士夫，类能读中国之书，考中国之事；而中国士夫，好谈古义，足以自封，于外事

---

[1] 陈其泰:《中国近代史学的历程》，河南人民出版社，1994 年，第187 页。

不屑措意"[1]，这个视角就是从外国出发来发现中国的问题的。而早期的外国史著，往往是从中国出发，特别是从鸦片战争打击出发来讨论问题的，例如夏燮的《中西纪事》、梁廷枬的《夷氛闻记》都是从鸦片战争开始叙述，在叙述中国的遭遇的时候引出与中国相关的外国事物，并与中国联系起来进行讨论。这样的讨论固然可以发现问题，但是往往会因为情绪的激烈而影响对问题的认识。

随着中国历史的发展，中外交流的加大和加快，人们认识问题、看待问题的水平都在不断提高，因此而产生的史著对于西方历史和社会现象的描述就准确一些了，对于专门问题的阐述也更加深刻了，看问题的态度也更加客观了，视角进一步端正了。这些进步都为专门史的产生奠定了基础。中国史学的经济史研究已经呼之欲出了。

---

[1]　黄遵宪:《日本国志叙》,见《黄遵宪全集》(下),中华书局,2005年,第819页。

3. 中国史学的现代转型与经济史著的出现

中国史学的现代转型始于戊戌维新时期，是随着甲午战争后西学在中国更加广泛的传播而发生的。梁启超等人提出"新史学"的理念则标志了史学现代转型的开始。1902 年 2 月，梁启超在《新民丛报》上发表了题为《新史学》的文章，直呼"史界革命不起，则吾国不救"，正式揭开了史学革命、建设新史学的序幕。随后有多人撰文倡建新史学。8 月，邓实发表了《史学通论》，认为"中国史界革命之风潮不起，则中国永无史矣，无史则无国矣"[1]。9 月，马叙伦发表题为《史学总论》的文章，提出"中人而有志兴起，诚宜于历史之学，人人辟新而讲求之"[2]。12 月，留日学生汪荣宝根据日本史学论著编译发表了《史学概论》一文，简要介绍了西方近代史学的理论和方法，自称要

---

[1] 邓实:《史学通论》，载《政艺通报》，1902 年 8 月 18 日，第 12 期。
[2] 马叙伦:《史学总论》，载《新世界学报》，1902 年 9 月 20 日，第 19 期。

以此为中国"新史学之先河"[1]。同年，留日学生侯士官翻译了日本人浮田和民的《史学原论》，更名为《新史学》，翌年出版。这一年又有两部倡言新史学的著作出版，一部是上海镜今书局出版的《中国新史学》，提出"中国学科夙以史学为最发达，然惟其极，亦不过一大钞书而已。故非于史学革新，则旧习终不能除"。另一部是由东新译社出版的《中国历史》，亦提出"今欲振发国民精神，则必先破坏有史以来之万种腐败范围，别树光华雄美之新历史旗帜，以为我国民族主义先锋"[2]。这一系列倡言新史学文章和论著的出现，标志着人们已经自觉认识到中国旧史学的弊端，开始探求建设近代新史学。

新史学思潮提出要以进化论的思想看待历史，要研究历史进化的公理公例即历史发展的规律，对中国旧史学的帝王之学、朝廷之学性质进行了猛烈抨击。"盖从来作史者，皆为朝廷之君若臣而作，曾无有一书为国民而作者也。""吾国史家，以为天下者君主一

---

[1] 汪荣宝：《史学概论》，载《译书汇编》，1902年12月10日，第9期。

[2] 张岂之主编：《中国近代史学学术史》，中国社会科学出版社，1996年，第76—77页。

人之天下。故其为史也，不过叙某朝以而何得之，以何而治之，以何而失之而已。舍此非所闻也。"[1] 因此，中国过去之史，"则朝史耳，而非国史；君史耳，而非民史；贵族史耳，而非社会史。统而言之，则一历朝之专制政治史耳"[2]。因此，中国自古就没有民史，中国史学的当务之急是写一部民史。1902 年 10 月，樵隐在《政艺通报》发表了题为《论中国亟宜编辑民史以开民智》的文章，明确提出了编纂民史的问题。

然民史究竟应当包括哪些内容？这确实是中国史学面临的新问题。1904 年，邓实以"民史氏"自命，作《民史总叙》，提出民史应当包括种族史、言语文字史、风俗史、地理史、户口史、实业史、人物史、民政史、交通史、宗教史、学术史、教育史等。可以看出，邓实心目中的民史涉及的方面远远超出了以帝王兴衰、朝代更迭为中心的旧史学。民众的历史首先与民众生活有关，因此研究民史必然会涉及社会生活的方方面面，而社会生活问题归根结底就是社会的经济

[1]　梁启超:《新史学》,见《梁启超全集》(第二册),北京出版社,1999年,第 737 页。

[2]　邓实:《史学通论》,载《政艺通报》,1902 年 8 月 18 日, 第 12 期。

问题。从国家的层面来看，涉及民众生活的社会经济又与国家财政有关。总之，不论是从民众生活出发，还是从政府财政出发，民史都应与社会经济有关。为此，樵隐提出如欲研究民史，则应当"裒集中国古今物产土性、工商宜忌、盛衰沿革、国家征税出入、轻重利弊之关系，各业物质法度，生理替待盈虚之变更，一一证以欧美当师法、当修改、当参酌之实际，以补列朝国史所未备，命名《普通民史》，使天下智愚贤不肖，真知灼见于国与民智维系"[1]。至此，所谓民史首先就是与民生有关、与救亡图存有关的经济现象的历史，正如樵隐所指出的，一班文人学士，为了猎取富贵功名，"群喜致力于欧美历史、法律、政治、舆图、兵学，……而农工商之守旧如故，内地之闭塞如故，民性之野恶如故，弃本逐末，避实就虚，其仰思殖民政令、强国要图，在此不在彼也"。此处所谓之"此"，正是上面提到的工商、物产、税收、各业生产的盈虚变更等。也就是说，欲救国，欲写出民史，仅仅关注军事、政治、法律方面的情况，仅仅满足于介绍欧美

---

[1] 樵隐：《论中国亟宜编辑民史以开民智》，载《政艺通报》，1902年10月16日，第17期。

的情况是不够的，如果只是关注这些问题，则仍然会要造成眼睛向上的态度，造成为统治者写史的状况。而民生是民众生活最基础的要素，要了解民众，要启发民智，必须眼睛向下，关心与民众生活关系最密切的经济、财政等情况。而这些方面的状况如何又决定了国力，是中国强国要图的根本。上述邓实、樵隐等人的见解，对于经济史的出现具有重要的催生作用。

根据《八十年来史学书目》[1] 的统计，20 世纪最早由国人撰写的经济史著作出现于 1904 年，为梁启超所著《中国国债史》，由广智书局出版。1906 年又出现两部经济史著作，一部为魏声和所著《中国实业界进化史》，由上海点石斋出版，另一部为沈同芳所著的《中国渔业历史》，由上海江浙渔业公司出版。1908 年，陈家锟的《中国商业史》面世，由上海中国图书公司出版。1909 年，陈家锟撰写的另一部经济史著作《中国工业史》又面世，仍然由上海中国图书公司出版。从上述经济史著作出版情况可以看出，与其他领域的专史相比，中国经济史著作出现得比较早、比较

---

[1] 中国社会科学院历史研究所编：《八十年来史学书目》，中国社会科学出版社，1984 年。

多。以梁启超等人大力推进的文化史为例，同样根据《八十年来史学书目》的统计，截至清政府覆亡，按照新史学理论和方法论撰写的著作，文学、哲学、教育、宗教、艺术、语言文字、学术等领域的著作相加，一共只有五部，与经济史持平 [1]。可见经济史在清末之受重视的程度。"近世经济史之研究，所以浸浸日盛者"，其原因之一是"往昔社会，对内以法制统摄国民，对外以武备颉颃与国，而裕民之业，非所重也。兼世人又往往蔑视实业，以经济货殖为可耻，认为与治乱兴亡无关，而史家罕有注意及之者。今则不然，情实陡变，经济方面，在任与政治、军备，有等量齐观之概，而特惹起一般人注意者也" [2]。经济史著作的不断出现显然是近代社会转型、观念变更的产物，与经济在社会生活中的地位日益提升有关。人们在撰写经济史著作时，首先急迫地感到的是"强国要图"对中国民族解放的基础性作用。

在上述中国经济史著作中，除了梁启超所作《中

---

[1] 以上领域的著作均已除去了出版年代不详以及仍然按照旧史学体例撰写的著作。

[2] 黎世衡：《中国经济史》，国立北平大学法商学院，1934 年，第 19 页。

国国债史》是他亲历亲为，依照自己的新史学理念撰写的著作外，其余著作也都鲜明地体现了"强国要图"的史学宗旨，明显地反映了新史学思潮的影响。陈家锟的《中国工业史》开卷即宣称"本书以我国为满人之国，非提倡工业，无以自立。故备述历代工业之盛衰，以唤起国民注重工业之思想"。"东西洋工业日新月盛，输入之货，充塞市场，我国已居被动地位，况现今时势，商战剧于兵战，以工援商，而后可以抵制输入品，推广输出品。"[1] 陈家锟还鼓吹"竞争者，进化之母。有竞争，有进化，无竞争，无进化。公例然也"。为此，发展工业必须具备竞争意识，要和外国比，和古代比，不同地区之间也要比，"苟此比较，必起竞争，现大国民之真相，较寸则寸竞争，较尺则尺竞争，随比较，随竞争，随进化。他日工业犹不蓬蓬勃勃然者，吾不信也"[2]。为了比较，就必须了解古代至现在之工业发展情况，必须撰写经济史专著。上述话语反映了其工业史的撰写是为现实服务的，全书浸透的是物竞天择的竞争理论的气息，反映的是"强国要图"之目的。

---

[1] 陈家锟：《中国工业史》，中国图书公司和记，1917 年，第 1 页。

[2] 陈家锟：《中国工业史》，中国图书公司和记，1917 年，第 7 页。

魏声和所著《中国实业界进化史》，仅书名就反映出作者是在进化论思想影响下研究中国实业发展史的，其目的在于通过研究中国实业的发展，唤起民众，发展实业，建设工业的中国。可以看出，经济史专史的出现是史界关注中国社会问题的产物，它的撰写带上了鲜明的时代特点。

中国的经济史在民族危机加深和社会转型中产生，这种学科性质和学科品格深刻地影响了它在20世纪的进程，它所奉为圭臬的进化论强调环境对人类社会的影响，这就为能够阐释物竞天择理论的环境问题进入学科领域准备了条件。

二、经济史研究中环境问题的 U字形发展路径——20世纪 前期

20世纪中国的时代特点是风云变幻，民族危亡始终是中华民族面临的重要问题；社会变化迅速，谋求发展经济、提高国力，是中华民族面临的又一重大历史使命。在变化的形势面前，各种社会思潮激荡，人们从各自的立场、理解出发，探求民族解放的道路。在此一形势下，中国史学必然会强烈地反映历史的脉动。经济史研究上承经世致用的史学传统、结合中国社会的紧迫需要产生，它在20世纪的步伐也必然会紧随时代的发展和脉动，反映时代的步法和时代思潮的律动。

20 世纪前期 [1]，随着早期经济史著作的出现，经济史的研究不断发展，论文著作越来越多，涉及的范围也越来越广，工矿业、农林业、交通运输业、商业贸易、财政金融、经济思想史、经济学史等领域均有论著出现，并且呈现了不断扩展的态势。这时的经济史研究，还没有自觉的环境史意识，但是受到时代思潮和学术特点的影响，和对问题探究的科学性追求，很多论著都在一定程度上反映了环境意识，探究了环境问题。

1. 经济史研究中的地理环境论

这一时期，史学研究中环境意识最突出的表现是重视地理环境对人类社会经济发展的影响，很多论著在叙述人类社会经济发展的过程时都会探讨地理环境对经济发展的影响。

这种探讨在叙述和探讨人类社会早期发展的时候最明显。学者普遍认为，在人类社会的幼年时期，由

---

[1] 本文所指的 20 世纪前期，并非纪年意义上的 20 世纪上半叶，乃是相对 20 世纪的一百年而处于前期的时代部分。这个时代界线有时会晚于 1949 年，有时又早于 1949 年，但总体上属于 20 世纪的前期。

于生产能力的低下，人类的生存在很大程度上依赖于自然环境的赐予，"吾人四周环境，不外为自然所支配，故欲超自然而营生活，势所不能"[1]。无论是从食物、穿衣还是从居住的角度看，人类的生活均无法离开自然环境的赐予。

从穿衣看，人类的衣服纯粹来自自然。"人类之始，乃由猿猴进化而来，故原人之初，无所谓衣服，所恃以御风雨寒暑者，自身之羽毛而已。及知识稍开，始借他物以障身体。而由中国历史上观察之，……自辰放氏以前，'卉服蔽体'。……故辰放氏以前，可称为卉服时代。……辰放氏以后，可称为搴木茹皮时代。……有巢氏以后以至有衣裳之制以前，可称为衣鸟兽羽皮时代。……黄帝之后遂为冠服皆备之时代。"也就是说，人类早期遮体御寒之物，纯粹是采自自然的物品，仅仅经过了简单的加工。从食物看，这一时期为"果食时代"。人类采撷草木的果实，"择其立可果腹、无须调制者"，以达到果腹的目的。其后，"由植物而及动物"，"茹毛饮血之事，所由兴也"。以后

---

[1] 黎世衡:《中国经济史》，国立北平大学法商学院，1934 年，第 38—39 页。

人类发现了火，并掌握了火的使用方法，人类的饮食由生食发展为熟食。但其食物依然是直接来自自然的赐予。从居住看，这一时期人类"未知别谋居室，而借天然之岩穴，以为藏身之所"。此为人类"野处"时代。后来人类又发明了巢居法，就中国历史的发展而言，这一时期就是有巢氏时代。有巢时代之后，人类才进入宫室时代[1]。

由于人类早期生活的基本需求都直接来自自然界，有的学者将这个时代称为"自然时代"。这个时代人类经济的特点之一就是"但有经济上之行为，而无经济上之武器，……但侍手足之劳，已足毕其事"，"所以然者，其时之人类，凡事任天而动"，"纯安于自然"，"中国在有巢氏以前可称为自然时代，此种经济状况，其在欧洲比中国为较晚，当希腊时代，其领土外其余各地，率尚在自然状态，即今之阿非利亚，其内地土人，亦有在此种状态中者"。只是"各地方底差异，根本由于地理环境所赋予的自然条件底不同，使存在各地方

---

[1] 吴贯因：《中国经济史眼》，上海联合书店，1930 年，第 11—27 页。

底生产量上发生差异罢了"[1]。

原始社会后期，随着人类生产能力的提高，人类对于自然环境的依赖度稍稍有所减轻。但是，人类仍然要依赖自然环境的赐予，仍然要受到自然环境的制约。如在人类经济的渔猎时代，虽然人类的食物来源已经从陆地延伸到江海，人类食物的种类扩大了。可是人类社会经济的这种进步相当有限，"当时之渔业，只在江河浅海，而不及大洋，狩猎之范围，亦有所限"[2]。渔猎之后的畜牧时代、农业时代均有类似问题，只不过程度不同而已。因此，人类社会经济的发展，在大工业时代到来之前，实际上就是一部取之自然、利用自然物的历史。

上述人类早期的生存进化轨迹，学者们普遍认为全人类基本一致，"总之，中国经济发展的途径，与全人类经济发展的途径是相同的"[3]。全世界各地经济的发展都经过了从低级向高级的发展。譬如火的使用，

---

[1] 王志瑞：《宋元经济史》，商务印书馆，无出版年代，根据书籍装帧样式及文中内容判断，应出版于 20 世纪 20—30 年代。

[2] 吴贯因：《中国经济史眼》，上海联合书店，1930 年，第 41 页。

[3] 钱亦石：《近代中国经济史》，生活书店，1939 年，第 11 页。

世界很多民族都有关于发明火的传说或者神话，证明世界各地的人类均经过了发现火的过程。人类早期社会发展的共同特点是，人类认识自然、利用自然的能力极其有限，人们只能在自然环境给定的条件下，维持人类的基本生存，并致力于社会经济的进步。

那么，在人类社会发展的过程中，为什么各民族的经济发展轨迹又有所不同呢？从环境的角度来看，这又是地理环境、自然条件各异，因而制约社会经济发展的结果。虽然世界各民族早期的发展基本经历大致相同的过程，大都经过了自然经济、采集经济、渔猎经济等阶段。但是，世界各地的地理环境条件是有差异的，在人类高度依赖自然环境的经济时代，地理环境的差异能够从根本上影响人类社会经济的样式，带来社会经济发展的差异。例如铜和铁具的发明与使用，世界各民族的情况是不一样的，"铜先铁后之进化说只具有相对性。其实，如近代多数世界史学者所发现，铜器先于铁器的学说，还应随地理的环境而异。有有铁而无铜者，亦有铁器之发现与使用，反在铜器之先者。但就世界史之一般现象观之，青铜在先，铁器在后之历史进化阶段说，非绝对的，只有相对的性质，是可断言的"[1]。这种金属器具发展差异的出现，从根本上来说是矿产资源规定性的结果。

人类生活受到不同自然环境的规定性影响，不同的自然环境会带来不同的经济和生活方式。因此，有些经济史著作在讨论自然环境的影响的时候，都会详细介绍不同民族所处的自然环境，并探讨其对经济发展的影响。"古代经济发展之沿革与近代不同，欧西经济发展之沿革与近东不同，而近东与远东又复各异。果沿革言之，经济史实殆无一地一时有相类者。推其所以然之理，要在经济发达之条件各不相侔。"而在这些条件中，排在第一位的就是"自然之凭藉"。"自然之凭藉"包括地势、地质、地域、地位、气候和天灾等方面。这些环境的差异会给社会的发展带来重要影响，在人类生产能力低下以及比较低下的时候，这些影响甚至是根本性的。例如地势的影响，"地势者，土地之高低，山岳原野之配置，湖沼河海之存在等，皆是也。其影响于经济方面者极巨，譬之高原地方，则宜畜牧，山岳地方，则重于林矿，至于狩猎，

---

[1] 余精一:《中西社会经济发展史论》(第二编)，东西文化社，1945 年，第 142—143 页。

亦相并行之，而农业则限于小农制度矣。再就山岳与
商业交通之关系言之，前者往往为后者之妨害，故高
山重叠之西藏，至今尚为秘密之府，其显例也"。再
如，地质的差异对经济的影响也十分显著，"地质云者，
土地之肥瘠，及地中矿物之存在量，所谓地壳成分之
谓也。按土地之肥瘠如何，其影响于农业林业者至巨，
而农林业关系于国民生活，及供给工业原料，尤为近
世经济发达之要件。至于矿物之多寡，更为近世一切
产业盛衰之母，盖近世之机械及蒸汽之利用，范围弥
广，而煤与铁之需要，因之日繁"[1]。气候与天灾等环
境因素对于社会经济发展的影响更大，即使是科技高
度发达的当代社会，仍然无法完全避免地震海啸、火
山喷发、台风龙卷风、水旱灾害带给经济的影响。

　　不同民族国家之间地域、地位的差异又会怎样影
响社会经济呢？如果从一般的逻辑出发，这两个因素
似乎与国家、民族的政治、社会发展关系更大。实际上，
如果从经济发展和国家经济安全的角度深入分析，这
二者不仅与社会经济关系密切，且十分重大。"地域者，

---

[1] 黎世衡:《中国经济史》，国立北平大学法商学院，1934 年，第
　　39—41 页。

就一国国土面积，与形状而言之也"，"一国国土面积大，则诸种物资之供给亦丰富，即取自给自足主义，亦无不可。反之，一国国土之面积狭，则物资之供给，不得不仰诸国外，一朝遇事变，则供给之途绝，而其国经济上辄发生动摇"。"就国土自身形状言之，其国境亘于东西，与绵延于关系南北者，其影响于经济也亦异。前者，一国之内，含有诸种地带之气候，因之物产有多样，得保其经济上之独立，取自给政策。后者，不然，适得其反，因之其经济上之基础不稳固，而时仰给于他国焉。"一个国家的地理位置与国家的经济安全的关系亦十分密切，"地位云者，凡一国土地，对于其它土地，而占有地利上之优长之谓也。按此于一国经济上的发达，有莫大之助力"。"就对外关系言之，其居世界交通之要冲，或占生产消费上的便利，……忽焉重要。""就对内关系言之，亦同斯理，往往一国之内，或凿运河，或敷铁轨，而昔之渔村荒墩，人迹所罕到者，悠然而为繁华都市，此其故，盖可思也。"[1]

通过上述对自然环境的方方面面的分析，经济史

---

[1] 黎世衡：《中国经济史》，国立北平大学法商学院，1934 年，第 40—42 页。

的研究就论证了地理环境的差异对社会经济的的规定性影响，尤其是对早期人类社会经济的根本性影响，体现了鲜明的环境意识。

2. 人类与环境交互影响论在经济史研究中的体现及其成因

地理环境的差异，对于早期人类的经济活动有着显著的甚至是根本性的影响，这是不言而喻的，在史实上、理论上以及逻辑上都顺理成章，没有明显的漏洞。但是，如果以此来解释人类文明发展起来以后的历史，特别是人类文明发展起来以后的经济活动的历史，则显然是不周全的，这样的理论忽视了人类的主观能动性，同时也就无法解释何以在基本相同的环境下，人类社会经济的面貌发生了巨大的变化。

因此，在叙述了人类早期的活动之后，经济史著作的关注点一般均转移到人类与环境的交互影响上，一方面探讨人类改造自然环境、利用自然环境的经济历史，同时仍然强调地理环境的作用，注重地理环境对于人类经济活动的根本性影响。

（1）渔猎畜牧经济时期工具的使用及其环境影响

由采集经济进入渔猎经济后，人类生产能力不断提高，经济活动的范围越来越广泛，生产的物质产品越来越丰富。经济史学家普遍认为这些进步的取得，都与人类生产能力的进步有关。"吾人经济生活之依赖自然，固不待论。虽然，若必谓吾人生活，常依自然之环境左右之，斯又误矣。……人类于某种条件下，能克服自然，并利用之也。譬之道路之开凿，铁道之敷设，足以左右地势。譬之灌溉施肥诸方法，足以使地味肥沃。而领土之并合，关税同盟等等，足以增进地益。"[1] 也就是说，经济活动的人为因素越来越多，"凡经济与社会之进步，皆可以征服自然之步骤说明之"[2]，人类能够利用自然条件，进而改变自然条件，使之为人类的经济活动服务。

---

[1]　黎世衡:《中国经济史》，国立北平大学法商学院，1934 年，第44—45 页。

[2]　陈其鹿:《农业经济史》，商务印书馆，1931 年，第 3 页。

在人类与环境交互影响的历史探究中，首要的着眼点是人类对自然的征服，即认为人类经济的进步，首先是征服自然的过程，没有对自然的征服和对环境的改造，则人类的文明与进步是无法解释的。在渔猎时代，"人智实呈一大进步，常须利用器械，始能达其目的"。此时人类的食品的获得已经不仅仅是享受自然的现成赐予，而是进一步借助器械的力量来获得过去无法获得的食物了。此一时代，人类向自然索取食品的利器除用于猎取陆地野兽外，还扩张到过去人类能力不能及或者很少达到的水域，向水中索取食物，鱼类开始成为人类餐桌上的美食。这些都表明了人类文明的进步和人类对于自然环境影响的加强。经济史学家认为，在中国，能够向水域索取食品的时代即伏羲氏时代，"证诸史:《易》称'伏羲氏作结绳而为网罟，以佃以鱼'"。而人类的食品由陆地扩大到江海，大大扩张人类食物的数量，"地球面积陆地较小，而海洋极大，使仅倚陆上之物，则食品恐有穷时。今者狩猎时代已告式微，人类食品，其由狩猎所得者，殆微末不足道，而在人口稠密之地，更等于零，若海上渔业，则方兴未艾，不知所届焉。故渔业之发生，不特为日用食品，辟一崭新之源泉，亦为经济活动，开一广大之途径"[1]。更重要的是，通过利器的使用，人类知道了利器的宝贵和重要，因此"必思更求其佳者，此种思想既存于人人之心中，后此种种利器之发明，实胚胎于是，故入此时代，实为文明发生之第一阶级，盖在此时，人类之经济行为，已非徒本于生理上之要求，抑有心理上之计划，故经济思想，乃萌芽于此时代"[2]。也就是说，从此以后发明各种利器以适应向自然界获取物品的需要已经成为人类的自觉的、有意识的活动。生产工具的运用一旦成为自觉活动，则人类经济活动征服自然的能力就大大扩张了，社会经济发展的速度也就加快了。

由渔猎进入畜牧时代，人们已经意识到单纯依靠自然环境中现成生物来谋生存的局限性，因为自然能够提供的植物和动物是有限的，并不能完全满足人类生活的需要。"苟日日而伐之，则天然物将渐次减少，难以供此无厌之诛求，故其从事于渔猎，所获得者，常不能如其始愿之所期，而供给既渐次缺乏，则生活

---

[1]　吴贯因：《中国经济史眼》，上海联合书店，1930 年，第 39—40 页。

[2]　吴贯因：《中国经济史眼》，上海联合书店，1930 年，第 36—37 页。

亦渐次困难，以灵动之人类，不能坐以待毙也，穷则思变，欲谋生存，不能不别求新法，畜牧之事遂继之而兴焉。"畜牧业的产生是人类在环境限制面前自强的产物。畜牧业产生的意义在于，从此人类的经济行为已经不仅仅是向自然的索取，而是努力利用自然提供的条件，主动地创造物资，增加物资，改变人类单纯依赖自然的状态。这使人类的生产活动在一定程度上突破了自然的限制。

　　经济行为的改变带来了思想观念的改变，"其一，为未来之观念。盖既殖畜养牺牲，以备他日之用，则未来之觉念，必甚明了。……其二，为积蓄之思想，古初之民，其搜求食品，苟既满口腹之欲，则所余之物，有委而弃之已耳。自畜牧之事兴，则知留其有余，以补他日之不足，于是积蓄思想，从而发生。……第三，为节约之美德。原始之民，既无积蓄之思想，自无节约之习惯，苟有所得，则皆浪费以尽已耳；节用之义，非其所解，社会尚无俭德之名词也。自畜牧之事兴，一饮一食，皆积若干时日之勤劳，始能致之，而好逸恶劳，实为人类之通性，苟牧养之时，欲减少劳苦，则食用之时，必力求撙节，缘有撙节之觉悟，俭约美德，遂从而发生矣"[1]。上述观念的产生对于人类社会的影响非常深刻而久远。正是因为未来、节俭等观念的发生，才使得人类懂得了看问题要有长远意识。而正是为了长远的利益，才要珍惜目前之所得。长远与珍惜相结合的观念，为后来的环境意识、可持续发展意识的产生奠定了最初的基础。

上述关于渔猎、畜牧社会经济进步的历史理论分析，在不少经济史著作中都有体现，可以说是当时学界的共识。有的学者用更加明确的语言表达了这样的观点："凡经济与社会之进步，皆可以征服自然之步骤说明之。在采集经济时期，人类渐用火以改良天然馈予之物，烹食以求可口。亦稍稍储藏食物，以防不时之虞。作为刀枪以供猎兽之用。在耕牧时期，则更加以耕牧之事，驱兽以就牧场，为之保护，使野兽不得攫取，强邻不得攘夺。"[2]

---

[1] 吴贯因：《中国经济史眼》，上海联合书店，1930 年，第 42—43 页。
[2] 陈其鹿：《农业经济史》，商务印书馆，1931 年，第 3 页。

（2）农业生产对于环境的依赖性及改变自然生态的行为

在农业社会，土地是社会生产的基础，也是社会的最大财富。因此，土质的差别，带给农业生产的影响是根本性的，从而对于社会经济的影响也是根本性的。另外，农业生产区别于工业生产和手工业生产的最大不同还在于其室外性，在于其对于水利、气象等环境条件的依赖。因此，农业生产对于自然环境有高度的依赖性，自然环境的差别对于农业生产来说是第一位、基础性的要素。对于这些环境因素，许多经济史学家都注意到了，并在经济史著作中有所体现。

学者普遍认为，早在上古时期，人们就已经意识到农业与自然环境的高度相关性，并有所阐述。管仲在《地员》篇中提出的"地者政之本也，辨于土而民可富"的思想，指出了土地在经济中的基础地位，认为只有辨识土地的性质，在适宜农耕的土地上耕作，才能使民富裕。荀子说："相高下，视肥硗，序五种，省农功，谨蓄藏，以时顺修，使农夫樸力而寡能，治田之事也"。[1] 也就是说，人们已经认识到要根据土壤的性质来确定应当种植的谷类，唯有如此才能顺天时，而省人力。这样的思想已经是对土壤性质问题的比较深刻的认识了，而且影响深远，一直滋润着人们的思想，并指导人们的具体实践。至明代，其思想已经十分丰富了。如李时珍对家畜于环境的关系作了十分精彩的分析。他在羊条集解中引用堂孟诜《食疗》中的记载："今南方羊多食野草、毒草，故江浙羊少味而发疾"，"北方羊至南方一、二年，亦不中食，何况南羊，盖土地使然。"[2] 在对土壤性质比较深刻的认识的基础上，人类并不满足于只是简单地适应自然，适应土地，而是力图通过劳作和技术更新改变农业生产的环境，从而达到满足人类生存需要的目的。

进入 20 世纪以后，随着人们认知能力的极大提高，土地性质给农业带来的根本性影响、农业生产受到自然环境制约以及人类的农业生产可以反作用于自然环境的情况为人们更多地认识，并渗透到农学、地质学

---

[1] 陈安仁：《中国农业经济史》，商务印书馆，1947 年，第 37 页。

[2] 胡兆量、郭振淮、李慕贞等：《经济地理学导论》，商务印书馆，1987 年，第 2 页。

等学科的研究中。这种学术进展被许多经济史学者注意到，并且借鉴其研究成果，上升为经济史的学术性表达。"地质云者，土地之肥瘠，及地中矿物之存在量，所谓地壳成分之谓也，按土地之肥瘠如何，其影响于农业林业者至巨，而农林也关系于国民生活，及供给工业原料，尤为近世工业发达之要件。"[1] "农耕要辨别土性，不能辨别土性，在甲地生长得非常茂盛，而在乙地以同样的方法与种子种植，结果适得其反，这就是因为不知辨别土性的缘故。"[2]李权时在《中国经济史概要》中讨论到农业生产时，专辟一节，标以"农业生产之自然环境"之题，专门讨论自然环境对农业生产的影响。他认为，"农业之第一自然条件为土地之肥沃。而'周原膴膴，堇荼如饴'，'关中自汧雍以东至河华，膏壤沃野千里，自虞夏之贡以为上田，而公刘适邠，太王王季在岐，文王做丰，武王治镐，其民有先王之遗风，好稼穑，殖五谷'之诗经及史记货殖传所描写，可知西周农业正具备此一自然条件也。农

---

[1]　黎世衡:《中国经济史》，国立北平大学法商学院，1934 年，第
　　　40—41 页。

[2]　陈安仁:《中国农业经济史》，商务印书馆，1948 年，第 37 页。

业之第二自然条件为雨水之充足。如果雨水不足，则'周原膴膴'立即可变成'赤地千里'，饥荒流行。在古代记录中（如诗经与国语）吾人可知黄海流域之饥荒十之七八由于旱灾，而以陕西河南为尤甚。是西周农业缺乏此第二条件也。解决旱灾办法，最初为（一）祈天求神。旋为（二）丰年积谷以备荒年，如王制上所说'国无九年之蓄曰不足，无六年之蓄曰急，无三年之蓄曰国非其国也。三年耕必有一年之食，九年耕必有三年之食，以三十年之通，虽有凶旱水溢，民无菜色'是也。最后为（三）灌溉，此系以人工补自然之不足，如诗经小雅篇所说'滮池北流，浸彼稻田'是也"[1]。在这里，作者一方面表达了对自然环境的敬畏，指明土地是农业生产的基础性要件，另一方面也表达了人类通过自身努力改变现状的思想。上述三个解决旱灾的办法，前两条都是被动的，但第三条则表现了人类应对干旱的积极办法，这种办法是通过改变自然、特别是改变水流的方向来实现的。所以作者自己也认为，这种方法是用人工补自然之不足。另外，技术的

---

[1] 李权时：《中国经济史概要》，中国联合出版公司，无出版年代（根据作者自序判断，该书出版于 1943 年前后），第 13 页。

进步也是克服自然环境中对农业劳作不利因素的有利支撑。特别是土质问题，如果仅仅依赖浑然天成，那是绝对无法进行农业生产的。所以，任何土地的最初使用都有一个开垦过程，"作物种植，必先开发泥土，使之疏松，然后下种。设地质坚硬，则土中养分不出，作物便无由长成"[1]。土地开垦之后，人们还对土地实行轮作休耕制度，意在保持和恢复地力。"中国古代虞舜之时，弃教稼穑，即知此理"，古代西方则在罗马时代就已经实行轮作了，"罗马时代之农业，可以说明豆科轮植时期"[2]。然而，轮作毕竟是消极的保持地力的方法，"缺乏个人自动与倡造之机会"[3]。因此，人类后来又发明施肥的方法来保持地力，并且因此普遍提高了土地的使用效率。从中国的情况来看，至迟到战国时期，通过施肥来涵养土地的方法已经很普遍了，"韩非子内有'殷之法刑弃灰于街者'之句，或系战国时之法令而托古者，亦未可知。孟子有'粪其田而不足'，荀子富国篇有'多粪肥田'，吕氏春秋有'可

---

[1] 李权时：《中国经济史概要》，中国联合出版公司，第 13 页。

[2] 陈其鹿：《农业经济史》，商务印书馆，1931 年，第 20—21 页。

[3] 陈其鹿：《农业经济史》，商务印书馆，1931 年，第 21 页。

以粪田畴，可以美土疆'等句，可知当时肥田之资料多为人粪及其它动物如马、牛、羊、鸡、犬、豕、鸭、麋鹿、狐狸、豺狼等之排泄物"[1]。而西方则在罗马时代已经普遍使用肥料肥田，甚至还有人造肥料出现[2]。

除了辨识土性，采取措施保持地力外，不少学者还注意到了人类在农业生产中为追求产量的提高而采取的影响自然环境的其他行为。如"斩草除莠，培养禾苗""除虫"等，而田中长杂草、出现各种昆虫本为自然界的自然现象，如无人类的干预，则植物自然生长，形成各种植物错落有致、和谐共存的局面，并且为昆虫的生存提供了条件，昆虫自然会出现。同时昆虫又与植物互利共存，昆虫之间的食物链的形成又抑制了某些不利于植物生长的因素，为植物群落的繁荣提供了条件。然而，对于人类的农业生产来说，由于农作物的种植一般是单一性的，并且在追求产量的前提下，对于农田的其他植物取排除态度，于是就有了杂草和害虫的概念，从而产生了人为改变自然生态

---

[1] 李权时：《中国经济史概要》，中国联合出版公司，第 29 页。

[2] 董之学：《世界农业史》，昆仑书店，无出版年代，根据作者序，大约为 1931 年前后，第 8 页。

的行为。这种改变自然的程度又随着生产工具的改进程度的不断提高而提高，"殷商之耕具多为木制，甚或石制，西周及春秋时代则多为铜制与木制，故农作必不能超越浅耕或粗放（Extensive Cultivation）之幼稚阶段。及至战国时代，农具多改铁制，盖已由铜器时代进入铁器时代，故农作亦遂得进入深耕或集约（Intensive Cultivation）之进步阶段"[1]。越到近世，人类的农业生产工具越加进步，从而带给自然环境的影响越大。蒸汽技术发明以后，以蒸汽甚至电力为动力的近代农业机械不断被发明出来，并得到普遍运用，"在1862 年之际，法国有打谷机十万以上，其中约有三千座，系用蒸汽动力。而科学之轮种法，土壤培壅法，与施用肥料法，均有显著之进步"[2]。随着农业机械的普遍应用，人类改造自然的能力大大加强了。大片的荒地被开垦，甚至沙漠也成了开垦的对象，1877 年，美国政府通过了沙漠土地法，将土地卖给人民，每亩的定价仅一元二角五分，条件是地主要灌溉土地，以便将土地改造成为可以耕作的农田。到 1916 年，美

---

[1] 李权时：《中国经济史概要》，中国联合出版公司，第 27 页。

[2] 陈其鹿：《农业经济史》，商务印书馆，1931 年，第 105 页。

国灌溉的干燥和半干燥土地已达 7,775,000 亩 [1]。对于农业生产中出现的技术进步及其对自然环境的影响与改造，这一时期的经济史学家一般都持肯定态度，而不赞成人类只能消极地适应自然环境，认为这样将无法满足人类生存的需要，人类文明将无法进步。

但是，大规模的开垦对于自然环境将会带来什么样的负面影响，这个问题学者并没有加以考虑，而是均以欣赏的态度给予肯定，肯定人类文明的进展和农业技术的进步带来的粮食产量的增加，以及对饥荒问题的解决。似乎在农业这一受到自然条件制约最大的经济领域，人类可以与自然一比高下。以至于有些学者在环境意识上，出现滑向另一个极端的苗头。例如对于在农业生产中具有决定性影响的农时问题，有的学者就不以为然，"孟轲在战国纷争之时，提倡改善农民生活，在'不违农时'，不违农时是消极的办法，不是积极的办法"[2]。似乎依仗技术的进步，农业生产可以完全不顾农时而实现农业增产。在 20 世纪中叶、在农业生产大棚还没有普及的时候，要实现违农时而

[1] 董之学：《世界农业史》，昆仑书店，第 221—222 页。

[2] 陈安仁：《中国农业经济史》，商务印书馆，1947 年，第 183 页。

增产，显然是不可能的。说这样的话自然是过高估计了人类的能力，是环境意识上的激进倾向。

但是，总体来看，对于农业生产的发展，大部分经济史著作还是表达了在自然和人类之间，人类处于从属地位的观点，认为即使在技术大为进步的条件下，自然环境的优劣仍然对于农业生产有根本性的影响。"法国之农业在欧洲各国中，自在发达之列。其气候与土质，各种均有；更有大部分之土地甚为丰腴。法国所有之地面，约有百分之四十八为可耕之地，百分之四为葡萄种植场，百分之十九为森林，百分之十二为草地，百分之十七为不生产地（不生产地包括居住区域、河流、山泽及完全无用之地）。德国地面之分配，大致与法国相同，但其土地不及法国之肥美，人口亦较密，每平方千米（square kilometer）平均约有一百二十人，法国平均每平方千米有七十四人。英伦三岛每平方千米乃有一百四十六人，其地面之百分之六十五为草地，可耕之地面，约有百分之十三，不生之地面，约与法国相同。法国农业之出产品，几乎全能供给本国之需要，并有出口之农产品，可以补偿进口货之损失。大战之后，英、德、奥诸国，经济上受极大之恐慌，而法国失业之人极少，此固由于恢复战地，需用人工较多，亦由于人口密度之低，与农业自足之状况，可以减轻社会不宁之危险。"[1] 这一席话实际上是在说，在自然与人类交互影响的问题上，农业进步的历史更多地表现的是自然环境对人类生产活动的制约。

（3）地理禀赋对于工业革命的规定性影响

人类社会进入工业社会后，改造自然的能力大大加强，生产能力大大提高。这个现象被许多经济史学家注意到，并有很多描述和阐发。

"资产阶级在它的不到一百年的阶级统治中所创造的生产力，比过去一切世代创造的全部生产力还要多，还要大。自然力的征服，机器的采用，化学在工业和农业中的应用，轮船的行驶，铁路的通行，电报的使用，整个大陆的开垦，河川的通航，仿佛用法术从地下呼唤出来的大量人口，——过去哪一个世纪能够料想到在社会劳动中蕴藏有这样的生产力

---

[1]　陈其鹿：《农业经济史》，商务印书馆，1931 年，第 111—112 页。

呢？"[1] 这段话是马克思、恩格斯对于工业化给人类社会带来巨大变化的感受，他们用十分生动的语言，准确地概括表达了对于工业化的惊诧和赞叹。可以说，这样的惊诧和赞叹也是身处其中的所有人以及后人的共同体会。进入 20 世纪后，工业革命的列车已经快速奔驰在轨道上，已非大幕刚刚开启时令人受到的冲击猛烈，但是，当中国经济史学者描述这一段历史时，仍然不可遏制地迸发出对于工业化魔力的惊叹和钦佩：电学的进展与电力的发明和应用，使得"世界大放光明矣"；蒸汽机的发明与应用于交通，使得"新旧两大陆之距离为之缩短"；声学、光学等各学科的进展，使得各种文明利器"日新月异"。电报发明之后，"文字上之交通时间大为缩少，国际经济之关系为之一变。昔英国诗人莎士比亚（Shakespeare）尝有诗云：'吾有宝带兮，以四十分钟一周地球'，当时之人读之，皆嗤为一种架空之理想。岂知太平洋海电告成之日，美国大总统罗斯福 Roosevelt 发电贺之，属绕地球一周；电报局发电两次，其环绕地球时间，第一次为十二分

---

[1] 马克思、恩格斯：《共产党宣言》，人民出版社，1997 年，第 32 页。

钟，第二次为九分三十秒，奇哉此环绕太平洋大西洋海底之宝带，视莎士比亚理想中之宝带，所需时间竟不及其四分之一，宁非现代一不可思议之利器耶！于是大工业时代，遂于以开幕矣"[1]。这段文字把作者的惊诧之情淋漓尽致地烘托出来了，充分表现了作者对于工业革命带来的生产力的突飞猛进的赞美。还有学者从人类生活的角度赞美了工业革命带来的快速变化，"顾自十九世纪初叶以来，欧人之生活乃顿呈异彩。农者、工者、织者，皆弃其旧日笨拙之锄犁、绳墨、机杼，而争趋于科学生产之途。或兢兢业业于规模宏敞之工场，或泽汲汲孜孜于精巧简便之机械。举凡力役之效率，生产之数量，莫不猛进突飞，一日千里。他若水之汽船，陆之汽车，传播消息之电报电话，捍御外侮之战舰飞船，亦皆若雨后春笋，奔放怒发而不可压焉"[2]。

工业社会生产力的巨大发展，彰显了人类智慧的魔力、科学进步的力量，"科学之神异，既以雷霆万

---

[1] 吴贯因:《中国经济史眼》，上海联合书店，1930 年，第 96—101 页。

[2] 林子英:《实业革命史》，商务印书馆，1928 年，第 2 页。

钧之力，助长产业之发达"，"其神妙岂可思议焉！"[1]
在工业社会的进展中，人类的力量显而易见。从环境
与人类互动的角度来看，与此前人类社会经过的各个
阶段相比，人类的影响显著增长了，人类改变环境的
能力大大增强。因此，对于此一阶段的人类社会经济
发展的研究，学者多注意人类的作用，注意科技进步
的巨大能量，而对于人类对自然环境的依赖较少注意。
但是仍有一些学者在探讨工业革命发生的原因时，关
注到了环境问题。

　　钱亦石在讨论为什么工业革命发生在英国而不是
荷兰或意大利的问题时，主张应注重内部因素，他引
述了拉狄克[2]的话来论证自己的观点："这三国都是海

---

[1]　吴贯因:《中国经济史眼》,上海联合书店,1930 年,第 102—106 页。

[2]　卡尔·伯恩哈多维奇·拉狄克（Радек Карл Бернгардович,1885—
1939),苏联政治活动家。生于利沃夫,曾在克拉科夫大学和伯尔
尼大学学习。参加过 1905 年革命,并因此被捕和关押过一年。后
来在波兰、德国社会民主党的报纸编辑部中工作。1917 年加入俄
国社会民主工党（布）。十月革命后,曾在外交人民委员会中工作。
1919 年后担任过共产国际执行委员会书记。1919 年当选为党中央
委员至 1923 年。他是托洛茨基反对派的重要成员,1927 年因此被
开除出党。1929 年恢复党籍。1936 年再次被开除出党。1937 年以"间
谍罪"被判 10 年徒刑。死于 1939 年。1988 年恢复名誉。此处钱亦
石征引的是拉狄克所著《中国历史之理论的分析》一书。

上的国家，他们都是靠海上商业及殖民地的抢劫为生的；在这三国之中，是产生大批生产品的；但这些条件，惟英国最好。我们知道：自从阿拉伯人及土耳其人先后把地中海与东方的关系割断时，意大利的作用就终止了。荷兰呢，版图太小，天然物产也太少，实难负担广大生产品技术的使命，使生产力加紧提高。……英国则不然，版图很广，矿产财富用之不绝，而且手工业发展极盛的时候，英国就插入了东印度。"在引述了拉狄克上述话之后，钱亦石说："在发展过程中，内部的因素之重要更远出于外部的因素之上。前面不是说到荷兰与英国吗？这两个都是海上的国家，都可利用国外市场，就外部的因素言是相同的。但一则'版图太小'一则'版图很广'；一则'天然物产太少'一则'矿产财富用之不绝'；这即是说，两个内部的因素不同。工业革命不发生于荷兰而发生于英国，显然与内部的因素有关。"[1] 钱亦石是在讨论中国的资本主义萌芽问题时谈到工业革命的发生问题的，他讲的内部因素也不单纯仅此一点，还包括了历史传统、

[1] 钱亦石：《近代中国经济史》，生活书店，1939 年，第 59—62 页。

经济结构的不同等，但是，他显然看到了地理环境的不同带给近代资本主义工业发展的重要影响，认为在人类社会从对外部的地理环境依赖比较多的农业社会向工业社会迈进的时候，虽然对地理环境的依赖在一定程度上有所减轻，但并非能够完全摆脱对地理环境的影响。伍纯武在探讨工业革命首先发生于英国的原因时也谈到了环境禀赋的问题，并将这一因素列为首要因素，"第一，因自然地理环境的关系，盖英国为岛国，并富于工业上所需用的原料，故出品多而输出便利。同时英国国内河川，多可利用以为交通路线，而所有山岳，亦不妨碍运输，再加煤铁之产地互相接近，故其产业易于发达"[1]。

上述两位学者都认为，地理环境的不同是导致英国率先实现工业革命并完成向资本主义过渡的重要原因。他们都认为在工业革命启动阶段，自然环境禀赋的不同对于一个国家的经济转型有根本性的影响。因为工业革命的发生首先与动力和材料的革新有关，而这些动力和材料的构成主要是煤铁。这样，一国之矿

---

[1] 伍纯武：《世界现代经济史纲要》，商务印书馆，1937 年，第 19 页。

藏情况就对工业革命的发生有重要影响。上述学者正是看到了这一点，并且受到国外学者思想的影响，因而重视环境因素在工业革命乃至社会经济发展中的影响[1]，认为即使人类进入工业社会仍然对自然环境有很强的依赖性，同时又看到了地理环境的作用是随着生产力的发展而不断变化，看到了地理环境在不同的人类社会条件下的不同作用。

正是因为看到了环境特别是矿藏在工业革命中的作用，有的学者甚至将中国不能尽早实现工业化的原因归罪于地理环境。李权时将中国工业落后的原因总结为五点，其中第五点即为"地理环境阻碍中国工业化。中国为泱泱大陆国，腹地无穷，而且往昔武功煊赫，

---

[1] 这种观点影响深远，当历史车轮进入 21 世纪后，经济史学界仍然有人以煤铁问题为题，讨论工业化问题，并因此引发了一场论战。参见彭慕兰著 *The Great Divergence: Europe, China, and the Making of the Modern World Economy*，2003 年翻译为中文，由江苏人民出版社出版，译名为《大分流：欧洲、中国及现代世界经济的发展》；又见黄宗智：《发展还是内卷？十八世纪英国与中国——评彭慕兰《大分岔：欧洲，中国及现代世界经济的发展》，载《历史研究》2002 年第 4 期；彭慕兰：《世界经济史中的近世江南：比较与综合观察——回应黄宗智先生》，载《历史研究》2003 年第 4 期；黄宗智：《再论十八世纪的英国与中国——答彭慕兰之反驳》，载《中国经济史研究》2004 年第 2 期。

自视甚高，自不愿轻易弃其固有文物，采行西洋科学及工业。沿海数省人民，尤其是闽粤二省沿海居民，虽同情科学及工业化，然内地各省人民则并不赞成。而来自内地之官吏，则又从而怂恿之，并时常发令禁止人民出海经商，所谓锁国政策或闭关自守政策是也。自鸦片战争败于英国之后，中国仅开五口通商以敷衍英国，仍自恃腹地广大，不愿改弦易辙，以为区区五海口之中外互市，究何足以摇动其国本于毫末也。日本则不然。彼为蕞尔的岛国，毫无腹地以资后退之可言，一遇西洋科学及工业之冲击，惟有二途可循：其一即仍闭关自守，其二即彻底接受西洋科学及工业化。然前者已为美国波来舰长（Commander Perry）击得粉碎，不易恢复；故日本之唯一出路即为后者一条耳"[1]。李权时是从中日经济发展比较的角度来看工业化的问题的，他认为正是中国的腹地广大带来了从容淡定和固守传统的弊端，使得国人不能在外敌入侵和落后的情况下急起直追。而日本恰恰相反，正是没有腹地，没有后退之路，使得日本能够在外来冲击面前迅速改

---

[1] 李权时：《中国经济史概要》，中国联合出版公司，第 212 页。

弦更张，从而获得快速发展。这种观点对中国的地大物博给以轻蔑，认为这样的国土资源是中国落后的原因之一，这未免有些牵强，其立论未免偏颇。但重视环境的因素在工业化中的作用与前述两位学者是一致的。

（4）工业发展带来的环境危害与环境保护的兴起

20 世纪上半叶，西方国家进入工业社会已经百余年，资本主义进入了垄断阶段，阶级矛盾日益尖锐，工人运动风起云涌，资本主义生产方式的弊端暴露无遗。中国社会内部的有识之士在向西方学习、争取民族独立的过程中，也已经意识到资本主义并非天堂，从孙中山到梁启超，从陈独秀到毛泽东，无不对资本主义的弊端给以尖锐的抨击和剖析。这样的思想认识自然会影响到经济史的研究。因此，在对人类社会进入工业社会以后的经济历史进行研究的时候，不少学者都加强了对资本主义弊端的研究，其中除对资本主义剥削本质进行分析外，还注意到了工业发展带来的环境问题。"在大工厂林立的地方，如英国之曼且斯特市，空气水流不免恶浊化，以致鸟类减少，害虫增加，树木多死亡，一般居民的健康便受到不良影响。而工厂劳动者，更终日被关闭于不卫生之房屋中工作，以致健康非常恶化，肺病及各种传染病蔓延各处；于是工人之死亡率大增，此外，更以工钱低落，物价腾贵，对于疾病，更缺乏抵抗能力。"[1] 也就是说，工业生产的发展带来了自然环境的污染问题，并且产生了严重危害。这种危害一方面是对自然生态的破坏，另一方面是对人的健康的危害。由于生态环境的破坏，生活其中的动植物以及人类都受到了影响，并因此发生了一系列问题。在这个问题上，作者展现了具有现代思想的环境观，也就是他们看到了环境问题并非单纯的生态问题，它首先是人与环境的关系问题。由于人类的非理性的环境破坏行为，给环境带来了毁灭性的灾难，以至于自然界依靠自身的修复能力已经不能在有限的时间内完成复原，环境的修复速度无法赶上人类的破坏速度，因而产生了生态灾难，而这种灾难一旦

---

[1] 伍纯武：《现代世界经济史纲要》，商务印书馆，1937 年，第 45 页。

出现，就会给人类带来严重伤害。

除了工业生产带来的环境问题外，很多学者还注意到了资本主义追求利润的自私本性和剥削本质在管理上的体现，以及因此造成的环境问题。"资本主义的生产方式，为利用机器，利用劳动以获取利润为目的的生产。利润是愈多愈好的，于是资本家想出种种方法，譬如一方面想减轻生产费用，一方面又要提高生产能力，以求取得更多的利润。然生产费用如何而可减轻呢？这儿，资本家曾使用减低工资，及草率设备等方法来实现其目的的。"[1]论者提到的这种所谓的草率设备的做法，主要就是资本家为节省成本而提供的简陋的生产场所，从而导致工厂生产场所卫生条件十分恶劣。"盖工场[2]生活，微特不合于卫生，且因雇主所定条件之苛酷，为工人者，常须为过度之劳动，于是体魄遂大受其损坏；其损害之程度，重则至于夭折，轻亦常成废疾，此工场中数见不鲜之事也。日本曾调查其东京炮兵工厂及大阪造币局之职工，谓每人

---

[1] 伍纯武：《现代世界经济史纲要》，商务印书馆，1937年，第45页。

[2] 从上下文看，此处之"工场"的含义即为采用机器进行生产的现代工厂。

寿命常不过三十四岁零四月，则工厂之劳动其能缩短
□寿，信而有征矣。"[1] "工厂之中，人数众多，空气污
浊，其环境本较厂外者为恶，而工厂内一切布置，复
多疏于卫生上之设备，……其所受之影响，当更不堪
设想。"[2]

上述工厂卫生条件的恶劣带来的环境问题，主要
是由管理的恶劣带来的，即其问题的产生，并非完全
由于工业生产中产生了有害物质而影响了环境的正常
度，相反其问题主要是由于管理者罔顾工人健康、轻
视工人的地位、忽视生产安全带来的。这种问题的产
生非常典型地体现了资本主义的邪恶本质。对此，其
时的经济史学者无论是持何种立场均给予了谴责。马
克思主义者从揭露资本主义的剥削本质、争取工人阶
级解放的角度展开了阐述。例如李达在所著《中国产
业革命概观》一书中从马克思主义唯物史观和阶级斗
争理论出发，对于中国土地上的外国资本和本国资
本对工人的剥削进行了精辟分析，"那班外国资本家，
利用中国的劳动过剩和工钱的低廉，利用在中国境内

---

[1]　吴贯因：《中国经济史眼》，上海联合书店，1930 年，第 115 页。

[2]　林子英：《实业革命史》，商务印书馆，1928 年，第 153 页。

所取得的工业经营权，纷纷到中国来经营工业，雇佣
工人替他们创造剩余价值"，"中国的工业资本家对于
工人的待遇，也是非常残酷的。因为他们刚刚出世，
就碰到了外来的强敌国际资本家，他们的资本和企业
能力，他们的生产条件等等，都远不及外国资本家，
本国政府又不能援助他们对于外国资本家的竞争，所
以他们只有凭籍封建势力加紧对于工人的剥削，以图
取得一点利益。……因此在国内资本家之下做工的工
人们，他们的劳动条件，也是非常不利，生命的危险
和失业的威胁，也是同样感受的"。[1] 非马克思主义者
则从人性的角度批判了其罪恶，认为资本主义大工业
的发展禁锢了工人智慧的发展，造成了贫民智力的退
化，"此种工人虽具人类之官骸，实无异工场中之一
机器，以其舍为工场中一种动作外，固一无所能也"。
从身体健康方面来看，则"工场劳力，大足以破坏工
人之体魄"，因此，"其卖力于工场之门，正无异投身
于地狱之门也"[2]。无论是从剖析资本主义本质的角度
出发，还是从人性的角度出发，都反映了经济史学家

---

[1] 李达：《中国产业革命概观》，昆仑书店，1929 年，第 211—212 页。
[2] 吴贯因：《中国经济史眼》，上海联合书店，1930 年，第 113—116 页。

的社会关怀，对问题敏锐的察觉，以及由此导出的环境意识。

既然资本主义大工业存在严重的环境问题，并且给生态环境、人类生存特别是工人阶级的生存带来了严重危害，那么，人们从有利于自身生存的角度出发，必然要找寻解决问题的办法。最初首先是工人阶级在反抗剥削压迫的名义下开展了争取自身权益的斗争，包括工资报酬的提高、工作环境的改善等，而这些斗争的发生实际上就包括了解决环境问题的诉求。在工人阶级斗争的推动下，西方国家开始致力于问题的解决。对此，经济史的研究者在叙述了环境问题的产生和存在之后，一般都会给予一定的关注和解析。"在大资本家恣睢跳梁之下，留心社会问题者，辄主张干涉，无论温和之社会政策，与采激进之社会主义，其政策之归结于干涉则一也。"[1] 学者所关注的干涉方法包括两种：改良的和革命的。

从改良的角度来看，经济史的研究关注了西方国家在工厂环境问题方面的改进措施和立法情况。林子

---

[1]　吴贯因:《中国经济史眼》,上海联合书店,1930 年,第 117—118 页。

英以"劳动立法之编制"为题，专门叙述了因工人阶级斗争而引起的西方国家的劳动立法问题。这些立法大部分涉及了工厂环境问题，"实业革命而后，数十年来，以劳资冲突之日形暴露，与一般社会主义者之大声疾呼，于是各国政府遂觉放任政策之难以久维，争思籍法律之力，以补救其缺，而劳动立法遂以产生"[1]。伍纯武则以"社会立法之发生"为题，亦专门叙述了西方国家特别是英国的劳动立法问题，"盖自工厂制度成立后，引起劳动者的过激劳动；又因卫生设备的不完全，又助长了劳动者的困惫状态。妇女劳动及儿童劳动的出现，便促进了妇女和儿童的悲惨境遇；为了对抗此等情状，故有两种运动之发生。其一，为劳动者自己起来组织的劳动运动；其二，为谋救济劳动者的社会立法"[2]。上述二人均认为，世界上第一部劳动立法是英国于 1802 年颁布的《健康道德条例》（*Heal and Morals Acts*）。这是林子英的说法[3]，伍纯武将其称为"工厂法"。"此法律目的则在'木棉及其它纺

---

[1]　林子英:《实业革命史》，商务印书馆，1928 年，第 173 页。

[2]　伍纯武:《现代世界经济史纲要》，商务印书馆，1937 年，第 47 页。

[3]　林子英:《实业革命史》，商务印书馆，1928 年，第 173 页。

织工厂中学徒及其它被雇者的健康及道德'，法案通过的原因盖在于曼且斯特工厂地带发生流行病，而经考察结果，知病源乃由于过劳，由于饮食的粗劣，由于衣服的破烂，由于劳动时间之过长，由于通风之恶劣，由于住宅之不卫生的群居等。故此时通过之法律，遂将儿童之劳动时间限为每天十二小时。"[1] 第一部有关工厂环境卫生与工人健康的法律颁布后，英国又颁布了多项工厂劳动立法，并且影响到了许多欧洲国家。林子英特制一表，命名为"欧洲各国劳动之主要事实"，包括立法国家、立法年份和立法的主要内容，总共有各国劳动立法 35 条，涉及英、法、德、奥、比、荷、意、匈牙利、瑞士、挪威、瑞典、丹麦等国家，时间段起 1802 年，迄 1907 年，囊括了长达一百余年欧洲各国的劳动立法。显然，作者认为此类立法对于欧洲经济的发展、工人运动的走向、工厂主的经营管理以及工厂生产环境的影响都是十分重要的，故而不厌其烦地详细列举。

此类立法的限制，确实对资本主义各国的工厂经

[1] 伍纯武：《现代世界经济史纲要》，商务印书馆，1937 年，第 48—49 页。

营管理产生了一定程度的影响，工人的生产、生活环境得到了一定程度的改善。因此，有的经济史著作侧重于介绍西方国家工厂经营管理改善后的情况。如叶建柏所著《美国工商发达史》以增进工商人群幸福法为题，单列一篇，下辖十二章，详细介绍 19 世纪以来美国各工厂在卫生、平安避险、救伤恤死、工人居处以及工人教育等方面的改进情况，"最新式之工厂，必有最上等之卫生施设。光线、空气、清水、食物、运动、消遣与休息乃人生之七要，工厂或事务所应如此设备，使工人或职员不觉脑力困乏或身体劳苦"。并认为因为大工业的发展而带来的各类弊端，完全可以因此种改良方法的实施而泯灭，"工商业各公司于营业制造外，有莫可比拟之感化力与职任，而其影响且由各方面以及全国人群社会"[1]。

上述学者虽然对于改良的方法都给以了一定的肯定，但是其思想方法并不完全一样。林子英、吴纯伍、吴贯因等人对于此类改良的前景并不持十分乐观的态度，在叙述之后并未给予过多的分析和较好的评价。

---

[1] 叶建柏:《美国工商发达史》，商务印书馆，1918 年，第 228—303 页。

他们的着眼点是大工业带来的危害，从而着意加以批判，并断言会有工人运动发生。"大工业发达之结果，必发生社会问题，既发生，一个之经济制度，必有根本的改革，……故富力集中式大工业时代，必于二十世纪告终，而经济史上之新纪元，其期亦必不远矣。"[1] 这些学者断言，带来了资本集中、贫富分化、大量工人失业以及工人等劳苦人民的健康受到摧残的经济形态，因为其自身的大量不合理性，必然会最终被新的形态代替，而不仅仅是改良其枝枝节节。因此，这些学者虽然对于资本主义工厂制度的某些改进给予肯定，但其最终的态度还是否定的。李达等马克思主义者则更加彻底，他们的经济史著作中一般不涉及西方国家的这些工厂环境的改良问题，而是直接取革命的态度，提出推翻资本主义社会的问题。"产业革命是促成现代社会的发生和成长的东西。社会随着产业革命的进行，渐渐脱去旧时代封建制度的衣裳，显出现在这样资本主义制度的各种特征来，使得物资的生产和分配，政治的生活和经济的生活，都发生了非常的

---

[1] 吴贯因:《中国经济史眼》，上海联合书店，1930 年，第 134 页。

变革。现代社会中的社会问题，就是和这个大变革同时发生的。……因为产业革命，产出了现代社会的各种特征：一方面是工场制度和资本主义的勃兴、农村的荒废、手工业的凋落、人口的增加、大都市的发生；另一方面是无产阶级的组织和反抗、工场法和劳动组合法的发布、经济恐慌、同盟罢工、失业问题、贫穷的增加、民主革命的胜利、劳动者的政治运动等。""简单的结论是，要发展中国的产业，必须打倒帝国主义的侵略，廓清封建势力和封建制度，树立民众的政权。"[1]

总之，经济史学者在研究工业社会时，一般都关注了科学技术的发展带来的巨大变化，看到了人类影响环境的力量的加强，以及带给生产力发展的巨大动力，并给以了赞美和肯定。但是大工业的发展带来的环境的、社会的问题也凸显了，所以学者们并没有盲目地赞美近代工业的发展，而是研究其问题的发展以及人类在解决这些问题时的各种努力。然多数学者对于资本主义工业的发展能否给问题以解决并不乐观，

---

[1] 李达：《中国产业革命概观》，昆仑书店，1929 年，第 2—3、216 页。

他们对于劳苦大众的苦难给以深切的关怀，由此导向了变革社会的态度。这表明，经济史在进入对工业社会历史的研究后，关注点更多地投向了社会问题，而非环境问题。他们的研究中之所以触及环境问题，主要是由于社会问题的研究而牵连出的，对于工业社会的环境问题的研究并非完全自觉地着眼于环境，而是为了解决社会问题。但是，其观点深层的意蕴是人与环境的互动带来的新的历史问题。

（5）邓伯粹的环境意识及理论表达

尽管大多数经济史学者并不具备明确的环境问题意识，但还是有经济史学者比较明确地意识到了环境问题，并且有了相当全面的理论表达。这在邓伯粹的《经济史》中表现得最为明显。

邓氏之《经济史》是以其在北平大学法商学院的讲稿整理而成的，全书共五章，分别为第一章绪论，第二章原始共同社会，第三章古代奴隶社会，第四章封建社会，第五章资本主义社会。从这个结构来看，就可以知道作者是按照唯物史观的理论来看待和解释历史的，与当时不少经济史著作按生产形式变化的划分——如自然时代、渔猎时代、牧畜时代、农业时代、手工业时代、大工业时代——不一样，代表了当时唯物史观在环境史研究方面的认识水平。

全书以时间流逝为线索、以社会制度的变化为要领，对世界经济的发展作了系统描述和分析诠释，并在第一章第三节以"自然的条件经济史"为题，全面阐述了其环境观。他认为，研究经济史必然要涉及自然环境问题，因为"经济史的研究对象，是经济关系，……在经济关系中，占主要地位的，便是生产和生产过程，所谓生产，便是人类在人与人的交互关系上，实行人类生活之永久条件的劳动"。"不管社会的生产是什么形态，而劳动的生产力，总是和各种自然的条件相结合的。"人类正是"与自然者相互作用上，经营生产的"，并最终达到"人类生存的目的"。因此，关于人类和环境的关系问题，是经济史研究的最重要的主题之一，也是经济史研究的基础要素。

那么，自然环境究竟是怎样一个概念？都包含哪些因素呢？邓伯粹认为，"所谓自然的条件，可以分为两种，第一种是人类本身的自然，第二种是围绕人类的自然。前者便是人种，后者便是土地、河、海、湖沼、森林、矿山等"。邓伯粹认为，在第一个条件的理解上，存在不少错误观点，"有人说，人种的差异，在历史的发展上，是一个很重要的条件。这谓之人种说（Rassentheorie）。人种说的理论的根据，大致说世界上人种的种类很多，然有的国家发展得很大，有的发展得很慢，有的甚至于灭亡了，其所有然者，便是人种的特质不同的关系。……可是这种主张，是错误的。第一中国人是黄色人种，西洋人是白色人种，若就文化说，中国人古代的文化，是西洋人望尘莫及的，可是近代的文化，中国人又远不及西洋人了。再就印度和埃及说，他们的民族，都建设了很高度的文化，然在今日，若就人种的素质说，他们是一种低级的黑色人种。这种历史的事实，是和人种说正相反的"，"如果说人种的特质，是历史的决定的要素，那么，这种特性，在某一种族中，应当通全历史是始终存在的。然在事实上，就是同一种族，有时很隆盛，有时又很衰微，这种事实，都是人种说所不能解答的"。因此邓伯粹认为，以往的研究中特别是国外经济史学界关于自然条件中的人种因素是不存在的，用人种的差别来解释经济历史的发展是错误的。这样，邓伯粹就将人种的因素排除在了自然条件之外。他眼中的自然条件主要是地理环境的条件。

对于第二个条件，邓伯粹认为，"环境对于人类的生活，是有很大的影响，人类的生产行为，是在人类和自然的交互作用上实现的，这都是很明了的事实。所以，不论哪种形态的社会生产，劳动的生产力，都是和环境相结合的。尤其在文明的初期，环境对于人类的生活，实占重要的地位"。也就是说，邓伯粹首先肯定了环境在人类生产中的基础地位，人类的生产力水平越低，这种影响越大。但是，如果认为自然条件是"社会进化历史发展的究极原因"，那显然就是片面的乃至错误的了。"环境这东西，终不是决定社会进化的历史法则。""环境说和历史上的事实，不相符合的地方很多，比如土地膏腴的地方，不一定就会发生高度的文化，就是有许多矿山森林及其他环境很好的地方，如果生产手段，劳动要具的发达，换句话说，如果技术的发达，没有达到利用它们的程度的时候，对于人类的生活，还是不能发生如何的影响。"可以看出，在肯定环境的基础性地位的同时，邓伯粹更看重人类的主观能动性，认为人类对于自然条件的利用是人类社会生产发展的首要条件，"所以，技术比环境还重要"。他的这种看重技术的观点，显然与近代以来科学技术的进步对于煤铁的利用，以及资本主义煤铁的利用对工业革命的催生作用有关，是在总结和剖析近代以来历史发展内在动力的基础上形成的。

最后，邓伯粹得出结论云："总之，不变的自然环境，不能成为常变的历史的法则，变化的是能够利用这种不变的环境之人类的技术。……生产手段，是社会进化之决定性的要素。但是，人类的生产，要在人类对于自然的交互作用之下，才是可能的，而且自然是为一定的技术，提供生产之可能性的，所以自然虽不是社会进化之决定的要素，然在它和技术的交互作用上，是决定生产过程的，因此自然的条件，对于经济史的发展，多少是有影响的。"[1]

从这段总结性的话语中可以看出，对于环境在人类社会经济发展中的作用，邓伯粹持的基本上是一种较为辩证的观点，即一方面承认环境在人类社会生产发展中的作用，认为环境的差异对于人类社会生产的

---

[1]　邓伯粹:《经济史》，国立北平法商学院，1934 年，第 9—14 页。

发展有着基础性的影响。另一方面又不过分强调人类对于环境依赖，主张人类的主观能动性的发挥在社会生产发展中有重要作用，技术的进步才是社会进步的决定性要素。这样的主张当然都是正确的。

但是，邓伯粹的理论明显地受到时代的局限，存在一定的缺陷。他只看到了环境变化的长期性，没有看到随着人类活动的加剧，环境的变化也加快了脚步，并且对于人类社会生产乃至生存产生了相当大的影响。他对于随着工业的发展带来的一系列问题并没有给予关注，仍然认为环境是并不变化的，这是学术研究视野不够开阔的表现，即使从当时的情况来看也是比较滞后的。因为如上所述，已有不少学者关注到了工业发展带来的环境污染问题。从学理的角度探究，则他的这种简单地将环境称为"不变的自然环境"的说法，明显地是受到了国外特别是苏联的环境观影响的结果。其阐述此一问题的目的，也是批判某些环境观点，显露了鲜明的阵地意识。

在这种环境观主导下，虽然在理论阐释上邓伯粹能够比较全面地顾及环境与人类作用的关系，但在其后展开的具体的经济史论述中，他并不太重视环境的作用。在探讨人类社会、人类经济发展的原因时，基本忽略了环境的因素。通观全书，其研究和叙述基本不考虑环境的影响，也不叙及环境的作用，重心均在社会制度的变迁以及技术的发展对于人类社会经济发展的影响上，环境的因素似乎并不在作者的视野范围内。其实，这种环境史观并非邓伯粹一个人的史观，而是相当一批学者的史观，在经济史研究中有一定的影响。到了 20 世纪下半叶，随着历史条件的变化，这种史观就轰然壮大，成为经济史研究中的主导力量了。

3. 经济史研究中环境影响论成因探究

为什么 20 世纪上半叶的经济史会重视环境特别是地理环境的影响，并且有比较全面且较为细致而周到的分析研究呢？探究其原因，应当有远因和近因等多重因素的影响。

从远因看，中国史学一直有重视地理环境研究的传统，并且注意到了地理环境对历史发展的影响。司马迁的《史记·货殖列传》，明清之际的顾炎武的《天下郡国利病书》，以及顾祖禹的《读史方舆纪要》，都是具体论述地理与历史关系的名著。另外，中国史著重要组成部分的地方志，历来包括对地理、地势等自然条件的记述与研究。

中国史学的这种传统在近代以来延续了下来，并且随着形势的需要而不断变化。近代中国最大的危险来自外敌，来自对外部情况的茫然，于是外国史地学和边疆史地学在中国进入近代后不久即兴起。魏源所作《海国图志》，不但大量介绍外国地理和历史，而且大量运用地图进行研究。通过运用地图并标明地理方位，改变了过去国人的许多错误看法，开中国学界世界史地研究之新局面。徐继畬作《瀛环志略》，亦以地图为纲，全书共搜集地图 41 幅，对各国的山川、风土、物产、习尚，以及古今沿革变迁都详细记载，并有分析与见解。梁廷枏作《海国四说》，详叙英国、美国等国与中国交往的历史沿革，政治、经济、文教、宗教、习俗等情况，并介绍物产地理等情况，其笔法与中国传统方志的写法完全一致。体例的排比也沿用了中国方志的体例。边疆史地有姚莹所著《康輶纪行》、张穆的《蒙古游牧记》、何秋涛的《朔方备乘》等杰作。其中何秋涛的《朔方备乘》在撰述宗旨时特别声明要"旁搜博采，务求详备，兼方志外纪之体，揽地利戎机之要"。姚莹所著《康輶纪行》虽然是一部杂记性的著述，但仍然对于外国史地给予高度重视，在卷五、卷十、卷十二、卷十六都较多地介绍了外国的情况，主要是介绍了英国、俄国和印度的简史。

上述著作都是近代以来影响非常大的著作，他们给予后人的影响是深刻而长久的。20 世纪上半叶距离这些著作的产生并不遥远，学人对这些著作并不陌生，受到其影响是自然而然的事。兼具史地性质的方志，在进入 20 世纪后仍然大量问世，旧著也不断流传。此类书的数量非常大，对于经济史研究中的地理环境因素的切入不能不产生影响。新史学思潮兴起后，学者对于中国传统的地理学曾多有指陈，例如陈黻辰[1]就认为，中国古代史书所言的地理虽多，但多为天然力之地理，并未涉及"统斯民之种类、习俗、性情、德行、学术，以合而成焉者也"的"人为之地理"，所

---

[1] 陈黻辰（1859—1917），浙江瑞安人。著名学者，著述宏富，于经史子诸学均有研究，尤精于史学和诸子学。教育家，一生大部分时间从事教育。

以"未足言地理"[1]。也就是说,中国古代的地理,只是简单的地势的描述,并未结合地理对社会的影响进行探究,所以存在理论缺陷,并不能视为真正意义上的地理学。尽管如此,但中国古代史学的传统,对于地理环境论传入中国并迅速被国人接受还是有重要的学理基础作用的。

从近因看有中外两方面的因素。中国内部因素的影响,主要来自新史学理论的巨大辐射力。新史学的重要理念之一就是重视地理环境对历史发展的重要影响。新史学的掌门人梁启超说:"地理学者,诸学科之基础,而学校所不可缺者也。"[2]"地理与历史,最有密切之关系,是读史者最当留意也,高原适于牧业,平原适于农业,海滨河渠适于商业。寒带之民,擅长战争;温带之民,能生文明。凡此皆地理历史之公例也。"[3]梁启超曾撰写多篇文章阐述他的地理环境论观点,梁

---

[1] 陈黻辰:《地史原理》,见《陈黻辰集》(上册),中华书局,1995 年,第 587 页。

[2] 梁启超:《地理与文明之关系》,见《梁启超全集》(第二册),北京出版社,1999 年,第 943 页。

[3] 梁启超:《中国史叙论》,见《梁启超全集》(第一册),北京出版社,1999 年,第 450 页。

启超本人的影响力，以及其妙笔生花的文采和广博的知识叙述，都使得他的理论对学术界产生了重要影响。新史学的另一鼓噪者章太炎也是地理环境论的信奉者，他不仅亲自翻译了日本学者岸本武能的《社会学》一书，其中专设一章《社会与境遇》，而且在多篇著述中以地理环境解释社会现象。他的著述与梁启超相比虽然并不那么直白浅显，但道理阐述深刻，理论性强，也发生了重要影响。在梁启超、章太炎等人的鼓噪下，地理环境论很快成为一股学术思潮，众多学者在解释社会和历史现象时对地理环境给予了深切关注。"地理史观"一时成为历史学的新宠，并成为研究历史的重要理论之一。在这股地理环境的研究热潮中，虽然涉及了地理环境对人类文明产生、人种差异等方面的影响，但地理环境的不同带来的经济类型的不同是其中最重要的组成部分，正如上面梁启超的话所说，正是地理环境的不同带来了生产方法的不同，从而影响了文明的类型。

这样的理论针对的是历史上的经济现象，必然会对经济史的研究产生不可忽视的影响。例如黎世衡所著《中国经济史》中关于地势与经济类型关系的叙述，简直就是前述梁启超的话的翻版："地势者，土地之高低，山岳原野之配置，湖沼河海之存在等，皆是也。其影响于经济方面者极巨，譬之高原地方，则宜畜牧，山岳地方，则重于林矿，至于狩猎，亦相并行之，……就河海湖沼诸水言之，水产业丰盛，固不待论，而籍其灌溉，以助农业之旺盛，或扼其支流，以供给工业之原动力，并助长水利事业，电器事业之发生者，亦胥于此是赖。再就水面与商业交通之关系言之，河川湖沼，凡可航行者，夙为自然之通路，而沿岸物资，俱籍以交换。商业日臻发达焉，唯河流亦与山脉同，有纵河横河之别，大抵东西流之横河，因缘于贸易风。地球自转等理由，多为巨川，时有大洋航路出入之便，其流域亦属于同纬度，沿岸地方，无特异之产物，而外国贸易，却因之茂盛。反之，纵河多为山流，因沿岸地方之差异，而物产有交换之须要，得以利用内地商业者不少，外此，于水面上占最重要之地位者，首推海洋，盖此为外国交通之枢机，而沿岸国民，籍以通有无，其促进经济上之发达者，斯为最巨，故近今测国势者，恒以一国海岸之修短，以为隆替之准绳。……吾人试展阅史册，古代人类，多逐水流以为转移，而文明发达，又多起于河海沿岸，其后虽都市勃兴，有交通之便，然仍不外以水面为中心，其距水口较远者，其文明程度亦递减，盖可深长思矣。"[1] 上述话语的论点论据几乎与梁启超的如出一辙，只不过更加详细而已，由此可见梁氏等人理论影响之深远。

近因方面的外部因素则与多种外国学术思潮传入中国，并影响了中国学术研究有关。19 世纪末期和 20 世纪初期是中国急起直追、奋力向西方学习的时期，西方形形色色的思潮一股脑涌入中国，给中国学术以深刻影响。从环境意识的角度来看，则西方之经济地理学和西方经济史的影响最为明显，而这种影响是通过与中国固有的学术传统相结合实现的。

经济与地理环境之间存在内在的关联的思想，无论是在中国古代还是西方古代就已经发生了。例如《礼记·王制》中有"广谷大川异制，民生其间异俗"的说法，从中可以看出地理环境决定论的萌芽。《孟子·公孙丑下》中有"天时不如地利，地利不如人和"的说法，肯定了在人地关系上人的主观能动性。北魏贾思勰进

---

[1] 黎世衡:《中国经济史》，国立北平大学法商学院，1934 年，第 39—40 页。

一步发挥这种思想，在《齐民要术·种谷第三》中提出"顺天时，量地利，则用力少而成功多"，一方面指出了人类在与自然相处时要尊重自然、顺从环境的原则，另一方面又肯定了人类对于自然环境的正确认识在经济发展中的重要作用。古代先人的这种思想对于中国社会经济发展和思想进展有深刻的影响，不但涌现了《山海经》《禹贡》这样杰出的经济地理著作，而且影响广泛，最显著的标志就是地方志的撰写。

地方志的起源非常古老，大约在周代就有关于一个地方山川、田畴、道里以及风俗的记载。但郑玄、孙诒让等人均认为此时的方志并非后来意义上的方志，而是记载各诸侯国历史和现状的典籍。后来意义上的方志发端于秦汉时期，至宋元时期定型，演变为专门汇集某一行政区域古今历史变化、人文地理现状的文献志书。方志的内容包罗万象，所谓"州县及县分野封略事业，国邑山陵水泉，乡亭城道里土田，民物风俗，先贤旧好，靡不具悉"[1]。明成祖时曾下诏修天下郡县志书，并颁布了统一的修志凡例。《凡例》规

---

[1] 魏徵:《隋书·经籍志序》，见王晓岩编《历代名人论方志》，辽宁大学出版社，1986 年，第 14 页。

定，修志应包括建置沿革、分野、疆域、城池、里至、山川、坊郭、乡镇、土产、贡赋、风俗、形势、户口、学校、军卫、廨舍、寺观、祠庙、桥梁、宦迹、人物、仙释、杂志、诗文等方面的内容。这个以皇帝诏令形式颁布的凡例，对于各级官吏来讲具有行政命令的意义。此后，全国各地的修志基本都遵从了朝廷颁布的《凡例》的规定。有清一代，修志活动进入高潮，志书体例日臻完善。1672 年 8 月 16 日（康熙十一年七月二十四日）礼部上奏请饬各直省照河南、山西通志款式纂辑通志，康熙帝阅后上谕钦准。河南、陕西通志是贾汉复官河南巡抚、陕西巡抚期间主持纂修的。《河南通志》凡 50 卷，包括图考、建置沿革、星野、疆域、山川、风俗、域池、河防、封建、户口、田赋、物产、职官、公署、学校、选举、祠祀、陵墓、古迹、帝王、名宦、人物、孝义、列女、流寓、隐逸、仙释、方技、艺文、杂辨等 30 门。《陕西通志》凡 32 卷，分星野、疆域、山川、建置沿革、城池、公署、学校、祠祀、贡赋、屯田、水利、茶法、盐法、钱法、兵防、马政、帝王、职官、名宦、选举、人物、孝义、列女、隐逸、流寓、仙释、方技、风俗、古迹、陵墓、寺观、祥异、杂记、艺文等 34 门。这两种通志的凡例的特点是各门类并列平行，分类清晰、涉及广泛。以后康熙年间各省修志基本沿袭此体例，甚至各府州县修志也多仿效。这种平列门类体例的影响，广大且深远，不但影响了当时和其后的修志活动，甚至还影响到了清中期以至后期的经世文编类汇编书籍的编辑，说明其编纂体例是得到了社会各方面的广泛认同的。由于方志的撰写基本上是一种政府行为，所以，遗存下来的地方志非常多，据统计，现存的方志有七八千种，总数达十余万卷。这些方志的撰写各具特色，体例也不完全一致。但有一点是相通的，那就是均涵盖了一个地区的地理环境、山川形胜、农业生产以及水利设施等，并且有关于物产与环境关系的阐述，这实际上就是经济地理学的早期表达，只不过由于中国社会和中国学术的古代性质，它还包裹在其他学术中，并且以诸多学术混一而生的方式存在着。

从古代西方来看，早在古希腊时期，希罗多德、柏拉图、亚里士多德等学者就注意到了环境对于人类社会和社会经济发展的影响。如希罗多德提出必须用地理的观点研究历史，认为地理为历史提供了自然背景和舞台，历史则为地理提供了线索。柏拉图则通过观察雅典附近环境的变化来证明敬畏环境的重要性。

尽管思想早已萌发，但重视经济发展中的地理环境影响，并系统地形成一门学科，则是世界历史进入近代以来的事情。现代意义上的经济地理学是资本主义工业发展和现代学术发展的产物。至 20 世纪，经济地理学已经发展形成比较完备的学科体系，并于 20 世纪初年传入中国。随着西方学说的大量涌入，由于中国传统学术中本身就包含了经济地理的因子，因此，经济地理传入中国后就很快被中国学者接受，并传播开来。其中贡献最大的是中国近代地理学的先驱张相文 [1]。1908 年，张相文撰写了《地文学》一书，是中国

[1] 张相文（1866—1933），字蔚西，号沌谷。江苏泗阳人。中国地理学先驱，教育家。早年入县学，参加岁试，补生员。后入上海南洋公学，充师范生。毕业后在安徽、广州等多地任教。1901 年出版中国最早的地理教本《初等地理教科书》《中等本国地理教科书》。1908 年出版中国最早的自然地理学著作《地文学》。1909 年在天津发起成立中国最早的地理学术团体中国地学会，并当选为会长。次年创办中国最早的地理刊物《地学杂志》。政治上追求民主，与章太炎、蔡元培、邹容等人关系密切，旋经他们介绍入同盟会。苏报案发生后，积极奔走营救章太炎和邹容。辛亥之际，参与密谋滦州起义。辛亥革命后积极参与倒袁护法。还著有《泗阳县志》《佛学地理学》《南园丛稿》《地质学教科书》等。

最早将地球表面的无机界与有机界结合在一起的地理著作。除著述外，张相文还到各地考察，主张兴建水库、植树造林、改善环境、发展农业生产。

到 20 世纪二三十年代，中国学者对于经济地理学的发生及其性质、学科内涵和学科边界已经了解得很清楚了，并且结合中国的地理环境和经济发展情况，着手撰写了专门的经济地理学著作。关于经济地理学的概念和产生，蔡源明指出："经济地理学之概念，于 1882 年由革次氏（W. Götz）定之。革次氏以地球空间为人类经济生活之处，而加以考察，由此更及其他自然与人类有关事项。地理学为研究地表情形之科学，同时亦为讨论地球空间所起各现象及其因果关系之科学。对地表一切现象之地的束缚性，就中对经济现象之地的束缚性及其原因与分布等，均经济地理学研究之事。"[1] 王庸则用更加简洁明确的表述定性了经济地理学，他说：经济地理学"专为说明人类经济生活所受地理之影响，以及人类所以支配地理环境之能力。盖即求人地两方面之经济关系"[2]。张丕介则从人与外

[1] 蔡源明：《经济地理学概论》，商务印书馆，1934 年，第 1 页。

[2] 王庸：《经济地理学原理》，商务印书馆，1926 年，第 1—2 页。

界关系的角度阐述了人类经济活动与环境的关系："经济行为乃人类一切活动中最大而最主要之部分。因人为生物之一，其生存与繁衍，为基本之要求，而一切物质生活及其大部分精神生活，又莫不赖外界物质之摄取与利用。故其主要活动，自不能不为经济行为。盖所谓经济行为者，无非人对外界物质之摄取与利用，以满足其欲望与需要也。"[1]

从当代中国学者的研究成果来看，上述表述已经非常接近当代学术对经济地理学的界定了。关于经济地理学的产生，当代学者认为，"1882 年，德国学者葛次（W. Götz）发表《论经济地理学的任务》一文，第一次提出了经济地理学的名称，探讨了它的本质与结构"[2]。"1882 年德国地理学家葛兹（W. Götz）发表'经济地理学的任务'一文，正式提出经济地理学把地球空间作为人类经济活动的舞台，是一门为国民经济提

---

[1] 张丕介：《经济地理学导论》，商务印书馆，1947 年，第 1 页。

[2] 胡兆量、郭振淮、李慕贞等：《经济地理学导论》，商务印书馆，1987 年，第 18 页。又见李芹芳、任召霞主编：《经济地理学》，武汉大学出版社，2010 年，第 19 页。

供考察自然基础的专门学科。"[1] 在这里，除了翻译的区别外，蔡源明的表述几乎完全被继承了。

关于经济地理学的研究对象，"在英国科学家 L.D. 斯坦普主编的《不列颠科学名词委员会地理名词辞典》（1962）中援引了如下的经济地理学定义〔845，第 173 页〕：

'各该地区经济过程配置的理论探讨'；（A. 韦伯）

'经济生活形态或类型的配置分析'；（U. 斯密斯）

'经济地理学的研究对象是无机环境和有机环境对人们经济活动的影响'；（R. 布劳朗）

'经济地理学的对象是不同地点人们用以取得生活资料的方式的相似性和差异。经济地理学者研究的是经济过程，特别是为具体地方一些与之有联系的现象所改变了的经济过程'。（《美国地理学》，P.E. 詹姆斯和 C.F. 琼斯编）

'地理学的分支，以国民财富的生产、配置、变化和消费为对象'；（不列颠科学名词委员会）

'经济地理学的对象是决定地表空间配置的经济

---

[1] 杨吾扬、梁进社：《高等经济地理学》，北京大学出版社，1997 年，第 39 页。

因素'。(不列颠科学名词委员会)"[1]

　　当代中国学者认为,"经济地理学是研究经济活动区位、空间组织及其地理环境相互关系的学科"[2]。经济地理学"是以人地关系,即人类社会同地理环境的关系为主线"[3]。

　　上述各国当代学者对于经济地理学研究对象的理解阐述虽然不尽相同,但有一点是相通的,那就是都重视经济发展中的环境因素,重视人的经济活动与环境的关系。反观民国时期经济地理学者的对经济地理学的定义,可知其时对经济地理学的理解已经基本与现代相同了。同时,其学科体系的建构力图结合中国国情,所考察的地理环境、地理条件多举中国的例证,显示了其建立中国经济地理学的学术努力。虽学科建构仍稍显幼稚,但力图结合中国情况的学科建构显然会对中国特色经济地理学的学术的发展有积极影响,

---

[1] 〔苏联〕Ю. Г . 萨乌什金:《经济地理学》,毛汉英、张成宣、朱德祥等译,商务印书馆,1987 年,第 1—2 页。

[2] 李芹芳、任召霞主编:《经济地理学》,武汉大学出版社,2010 年,第 3 页。

[3] 杨吾扬、梁进社:《高等经济地理学》,北京大学出版社,1997 年,第 38 页。

甚至对社会经济的进步产生影响。至二三十年代，经济地理学在中国已经获得了比较广泛的传播，成为地理学的重要组成部分，同时影响了其他学科，"不仅在地理学中居重要地位，为各大学地理学系学生所必修，即经济学系及商学系之学生亦均定为必须科。此外各级商业学校及从事农、工、商等实业家，对是中知识亦属重要"[1]。由此可见其影响之广泛与深刻。

经济地理学的广泛传播，必然会对历史学的研究产生影响，吴贯因在其经济史著作的一开始就宣称，"地理与历史有密切之关系。本编既以研究中国之经济历史为目的，则对于中国之经济地理，自不能漠视之，取材借证，其事固不可以已也"[2]。也就是说，在经济史的研究中，历史事实的叙述和研究，不少史实和论据是借鉴了经济地理的研究，或者就是直接来自经济地理的研究成果。这样的研究，使得历史与地理的联系更加密切。民国时期许多高等学校的历史学和地理学密不可分，界限模糊，甚至直接合并为一个部门，称为史地门或者史地系，就是这种理念的典型

[1]　蔡源明:《经济地理学概论》，商务印书馆，1934 年，第 1 页。
[2]　吴贯因:《中国经济史眼》，上海联合书店，1930 年，第 4 页。

体现。

经济地理研究成果的引进，还使得历史学的研究更加科学化，对于经济现象，特别是历史上的经济技术的认识更加科学。例如，在论述人类经济发展的各个阶段时，从地理环境的不同出发，就可以破除僵化的阐述方式，更接近科学的结论。"经济进化之过程，又有依地理而异者焉。如狩猎之事，先于渔业，此特山间平原之民为然，若傍河海者，又常先有渔业，而后始有狩猎也。又如，畜牧时代之后，即入于农业时代，此特膏腴之地为然，若近沙漠之民族，则畜牧时代之后，只能接以工业时代，若农业之一时期，则不必经过也。明乎此理，则欲研究经济历史，不能不并研究经济地理，因地理既异，则历史亦常随着而异，正不能执一格相绳耳。"[1]

从经济史角度而言，外国经济史的传入及其研究方法与研究思路对于中国经济史的研究有显著影响。一般而言，这一时期译介的外国学者的著作，无论是关于中国经济史研究的著作还是关于世界经济史研究

[1] 吴贯因:《中国经济史眼》，上海联合书店，1930 年，第 170 页。

的著作，都很重视环境因素在经济发展中的影响和作用。在这些著作体例建构上，一般设有专门的章节予以研究和阐发，有的则在具体研究中体现对自然环境与经济关系的论证。

以1929年由周佛海、陶希圣、萨孟武、樊仲云合译的《各国经济史》为例。这本书由英国经济史、美国经济史、德国经济史、法国经济史、俄国经济史和日本经济史五本书组成，分别由野村兼太郎、丸冈重尧、石滨知行、平贞藏、嘉治隆一、野吕荣太郎等五位日本学者撰著。新生命书局1929年刊印发行初版，以后又多次再版。1932年该书又以凌璧如的名义，由中华书局用单行本的形式分五册印行。这套书既然能够多次印行，说明其在市场上有一定的需求，而有需求就说明有社会的和学术的影响，并且有比较大的影响，因此才有不断印刷之必要。

这套书的第一本是英国经济史，也是五本书中篇幅最大的一本。这样的结构安排是译者意识到近代以来英国经济的辉煌成就及其在世界经济中重要地位的表现，"英国经济史，所以特别重要者，实因最初形成现代的产业组织，占著世界先驱的地位者，就是英

国国民。且其发展的经过，亦可为他国的典型，盖不
仅具有单纯一地方的价值，实有世界史的价值"。放
在第一本的书对全书而言又有范示的意义。而这本书
的第一章第一节就是"地理的环境及人种"。作者认
为"一国的历史，受其地理状况的影响颇属不小。一
国的特殊环境，造成该国的特殊历史。而其历史又因
造成历史的人种如何,而发生特殊倾向"[1]。也就是说，
世界各国历史和经济发展的道路千差万别，其原因错
综复杂，但无法忽视的也是共有的一点就是环境不同
带来的影响。从英国的情况来看，作者认为，英国的
岛国地形和多雨多雾的气候，造成了英国国民性格中
适应性强的特点，并且极其善于学习，能够"同化于
时代的潮流"。英国潮湿气候又使得其土地肥沃，拥
有丰富的天然资源。地质蕴藏中的丰富资源特别是"石
炭[2]的优秀，铁矿的丰富"，为 18 世纪的产业革命的
开展奠定了物质基础。关于俄国的经济发展历史，作
者认为，俄罗斯有三种基本地理形势：南方的草原地

---

[1] 〔日〕野村兼太郎:《英国经济史》，周佛海、陶希圣、萨孟武等译，
　　新生命书局，1929 年，第 1 页。
[2] 即煤。笔者注。

带、北方的森林地带和各大河流域的水路地带。正是三种不同的地形造成了不同地区居民的不同性格，正是因为南北气候的不同带来的居民的气质的不同，"时时又有冲突和轧轹的事情。这是因为风土及生活不同而发生，而在经济单位很狭小的往昔，更是不能免的事"。地理环境的不同，还带来了生产模式的不同：森林地带土地肥沃，经过伐木和开垦后，适合农耕；草原地带气候干燥，只能用于畜牧；而水路地带则土地肥沃、气候湿润，又利于交通，因此成为俄罗斯的经济、文化中心。但是，随着后来经济的发展，森林的砍伐，"水流渐次减少，而变成一定的河道。但住民可由此而互相接触者，今日亦与往昔无异"[1]。也就是说，作者认为俄罗斯地理环境的多样性是造成俄罗斯经济多样性的原因，也是后来俄罗斯经济的由来乃至经济性状的基础。总体而言，上述译著及其他同时期译著的中心论点是，"经济关系，既为经济史底研究对象，而占着经济关系底主要部分的，是生产或生产过程。所谓生产，是人类在人类底交互关系上，而从事劳动

---

[1] 〔日〕嘉治隆一：《俄国经济史》，新生命书局，1929 年，第 6—11 页。

的意思。——这是人类生活底永久的条件，即对于自然加以作用，而后利用之于人类底目的，更且为变更自然的活动"[1]。探究经济文明的不同，"考究它和其它社会的经济发达之间，性质上有什么不同？或其明显的差异究竟何在？要从自然地理上探究其根源"[2]。

以上所列举各外国学者的经济史著作均为日本学者所著，这与中国近代以来主要通过日本引进西学的文化途径有明显的对应关系。然则这并不表明中国经济史中的地理环境论仅仅来自日本经济史学界的影响。首先，这些日本学者之观点的形成受到了西方地理环境论的影响。他们在撰述的过程中，参考了多种其他国家学者的著作。例如石滨知行在撰写《德国经济史》时至少列出了 20 部德国学者的有关著作。嘉治隆一在撰写《俄国经济史》的"序论"时至少提到了 9 部俄国学者的俄罗斯史或俄罗斯经济史著作，并对这些著作有详尽的分析，还阐述了作者对这些著作优长

---

[1] 〔日〕石滨知行:《经济史纲》，施复亮、白棣译，大江书铺，1931 年，第 26 页。

[2] 〔日〕东晋太郎:《欧洲经济通史》，周佛海、陶希圣、萨孟武等译，商务印书馆，1936 年，第 4—5 页。

的吸收。因此，这些经济史译著应当是反映了当时其他国家学者的研究成果以及一些观点。

其次，有些中国经济史学者精通外文，甚至在外留学多年。如《现代世界经济史纲要》的作者伍纯武就留学法国多年，并取得了博士学位。因此，这些放洋留学的学者一般都对外国经济史的研究有深刻的了解。如黎世蘅在《中国经济史》一书中专设一节，谓之"欧美诸国经济史研究之发达"，纵论欧美各国经济史研究的情况，细述德、英、法等国经济史研究的动态，并列举代表性著作 40 部以上。其后有关章节也频频引用外国学者的研究成就以印证研究之论点。可以说，中国经济史学界中地理环境论的成因与外国经济史研究的影响有明显而密切的关系。

这种影响在中国学者的著作中有明显的体现，有的甚至是直接的体现。不少经济史著作在体例上一般都模仿外国学者经济史著作的形式，设专章或者专节讨论地理环境问题以及地理环境对于一国经济模式独特性的影响。有的著作在史料的采用和逻辑安排上模仿外国学者的著作。九三学社的发起人王卓然曾说过："观多数出版之书籍，原于翻译者半，原于类似翻译者亦半。"[1] 即是说,当时出版的各类著作,模仿甚至直接抄袭外国学者著作的现象非常多。经济地理是从西方传来的舶来品,自然不能例外。

例如伍纯武的《现代世界经济史纲要》,参考了多部外国学者的经济史论著。其中最主要的一本是石滨知行的《资本主义经济发展史》,伍氏著作有的部分甚至是直接来自石滨知行的著作。如其中的有关工厂环境的部分就大量征引了《资本主义经济发展史》采用的史料,并且在立论和论证的逻辑上多有模仿和借鉴。除了借鉴和模仿外,有的经济史著作甚至直接从外国经济史著作摘抄。

再如邓伯粹著有《经济史》一书,又翻译有高圆寺、石滨知行所著《欧洲经济史纲》。前者出版于1934 年,后者出版于 1936 年,晚于《经济史》一书的出版。二者之间在关于环境与人类经济发展关系的阐述上有高度的相似性。如果仅仅从出版年代判断,似乎是后者抄袭了前者。但如果再加探究,则知高圆寺、石滨知行所著《欧洲经济史纲》直接脱胎于石滨知行

---

[1] 李文海等编:《民国时期社会调查丛编·宗教民俗卷》,福建人民出版社,2005 年,第 2 页。

的《经济史纲》，在人地关系的阐述一节，文字上几乎没有区别，前者就是后者的翻版。其他章节也有许多类似情况。而这本书由大江书铺于 1931 年翻译出版，在邓伯粹之《经济史》之前。由此即可知邓伯粹之《经济史》的文字来自石滨知行的《经济史纲》，两者有直接的承继关系。虽然邓伯粹精通日文，有译著面世，但译文的中文表达的高度一致，明白无误地宣示了其渊源之所在 [1]。

再如吴贯因著有《中国经济史眼》一书，又参与校译了《欧洲近世经济发达史》一书，其外文功底、外文修养应当有相当高的水平。《欧洲近世经济发达史》为美国人阿格所著，中文版本初版于 1924 年，吴氏所著《中国经济史眼》出版于 1930 年，二者之间有清楚的先后关系。虽然一为欧洲经济史，一为中国经济史，但是从所表达的观点来看，仍可以从中看到明

---

[1]   如果以现在的标准判断，则邓伯粹几乎就是抄袭了石滨知行的书。但是，笔者并不这么认为。一是此一时期正是中国人如饥似渴地学习西学的时期，生吞活剥地接纳外来文化的现象非常普遍；二是中国传统文化中有承继原有文化成果的传统。例如在中国地方志的编纂中，如果后来的方志编者认为以前的记载真实，则可以照抄，只将后来的新发现补充上去即可。

显的渊源关系。例如探讨工业革命发生的原因时，阿格认为重要的因素之一是科学发明及其应用带来的革命性变化[1]，吴氏亦认为"大工业之发达，实由欧美科学之发明"[2]引起。再如，二者均注意到了大工业的发展带来资本集中与工人阶级贫困化，女工和童工的出现，以及由此引起的阶级矛盾的尖锐化，等等。阿格认为大工业下的工厂制度"最可惨的现象乃是工人阶级无法免避的身体上和道德上的害处。十九世纪上半期中英国各处劳动状况和生活状况是英国有史以来最坏的。男子、妇女、儿童一齐聚在既欠缺卫生设备又不安舒而又无以维持道德的大工厂里"[3]。吴贯因则认为，工业革命对于工人的摧残是心理上的和身体上的，造成了工人智力上的退化和体魄上的损害[4]。所谓道德上的与心理上的和智力上的，仅仅是用词的不同，实质内容是一样的。因此，吴贯因的经济史受到了所译

---

[1] 〔美〕阿格：《近世欧洲经济发达史》，李光忠译，商务印书馆，1924年，第 141—143 页。

[2] 吴贯因：《中国经济史眼》，上海联合书店，1930 年，第 96 页。

[3] 〔美〕阿格：《近世欧洲经济发达史》，李光忠译，商务印书馆，1924 年，第 156 页。

[4] 吴贯因：《中国经济史眼》，上海联合书店，1930 年，第 113—114 页。

校的外国学者思想的影响是显而易见的。

　　上述例证典型地反映了中国经济史的成长过程中外来经济史的学术影响和学理影响，而此一时期外国经济史对于地理环境因素的研究及其在经济发展中的作用的论断，就直接影响了中国学者并在中国经济史的研究中体现了出来。

三、经济史研究中环境问题的
U 字形发展路径——
20 世纪中后期

1. 20 世纪中后期经济史研究中环境意识的急剧跌落

　　1949 年，中华人民共和国成立。新的共和国成立后，面临着严重困难，特别是严重的经济财政困难。国民党撤离大陆的时候，带走了大量财富和技术人员，还破坏了不少经济设施，"新中国从国民党政府接手下来的是全面崩溃了的经济。以 1949 年与 1936 年相比，工业产值下降了约 50%，农业产值下降了约 25%，粮食总产量仅为 2250 亿斤。据统计，从抗战前 1937 年 6 月到 1949 年国民党政府崩溃前夕的 12 年间，国民政府的通货增发达到 1400 亿倍，物价上涨 36,807 亿倍"[1]。与此同时，西方帝国主义展开了对新中国的封锁，新生的中华人民共和国面临着严重的外部侵略的威胁。严重的困难和严峻的外部形势冲淡了在全国范围内建立政权的喜悦，高度紧绷的神经必然带来对敌人的高度警惕。

如何建设新民主主义和社会主义、如何在社会主义国家执掌政权，这是中国共产党人面临的全新历史任务，新生的国家领导人十分缺乏可借鉴的历史经验。于是，对建设社会主义毫无经验的中国人民将寻求答案的目光转向了世界上第一个社会主义国家苏联。那时，"苏联的今天就是中国的明天"。事实上，中国原本也是打算照着苏联的模式来进行建设的[2]。于是，苏联模式的正确方面、苏联模式的失误方面一股脑地作为先进经验被引进来，苏联老大哥也很不客气地把自己的模式输送甚至强加给社会主义阵营的各国。同样，

---

[1] 郭大钧主编：《中国当代史》，北京师范大学出版社，2007 年，第 10 页。

[2] 罗平汉：《当代历史问题札记二题》，广西师范大学出版社，2006 年，第 125 页。

在如何处理科学研究中的不同观点的问题上，中国也强烈地受到了苏联的影响。

对于科学研究的不同观点，苏联盛行给科学研究贴政治标签的绝对化思维模式。这种现在看起来很荒唐的思维模式的产生，同样与苏联红色政权建立之初面临的严峻环境有关。苏联新生的社会主义政权建立后，不仅在政治、经济、军事领域遭到了来自国内外敌人的敌视和破坏，在科学研究领域也遭到了敌对分子的抵抗。苏联科学院"一九二九年初选举院士，还公然排斥马克思主义者"，"一些自然科学团体（如莫斯科数学学会）公然对抗党的领导。科学为社会主义建设服务和有计划发展的方针，许多科学家表示拒绝或冷淡。还有一些科学家参与了技术和经济方面的暗害活动"[1]。新生的红色政权当然不能容忍这种危害政权稳固性的状况存在。1931 年 3 月，联共中央规定了共产主义科学院自然科学部的任务。共产主义科学院主席团则作出决议，提出了改造自然科学的任务。这

---

[1] 龚育之：《苏联自然科学领域思想斗争的历史情况》，载龚育之、柳树滋主编《历史的足迹——苏联自然科学领域哲学斗争的历史资料》，黑龙江人民出版社，1990 年，第 1—2 页。

个任务包括两个方面：政治、组织方面的改造和学术思想问题的改造。

现在看来，这两个方面显然是性质不同的两个问题，但是苏联在处理这两个方面的问题时"是混在一起没有加以区别的。同时，在学术思想问题上，又是把自然科学同哲学社会科学混在一起，没有加以区别的"[1]。这种混淆带来了思想混乱，于是苏联学术思想界出现了一些十分荒唐的提法，诸如"自然科学的党性原则""为科学的布尔什维克化而斗争""改造资产阶级科学""反对向资产阶级科学投降"等。这种任意给作为知识体系的自然科学贴政治标签的做法在 1947 年前后达到高潮，生物学、化学、物理学、农学等学科都有一些学派或学术观点被冠以资产阶级学术的大帽子而遭受讨伐。

在一片向苏联学习的浪潮中，给学术问题贴政治标签的风气也随之吹了进来。诸如"爱因斯坦的唯心论""肃清化学构造理论中的唯心主义""米丘林生物

[1] 龚育之：《苏联自然科学领域思想斗争的历史情况》，载龚育之、柳树滋主编《历史的足迹——苏联自然科学领域哲学争论的历史资料》，黑龙江人民出版社，1990 年，第 2—3 页。

科学是自觉而彻底地将马克思列宁主义应用于生物科学的伟大成就""为坚持生物科学的米丘林方向而斗争""批评数学中的唯心主义""为反对各色各样唯心主义对我们的科学的侵蚀而斗争"[1]等字眼充斥报刊和耳际。人们对科学的政治划分甚至荒唐到滑稽可笑的地步。时任中宣部部长的陆定一在晚年的回忆中谈到过这样一件事:"有一位老同志,也是很好的同志,战争中间担任军队卫生部长,战争之后做中央人民政府的卫生部副部长。他知道了苏联的巴甫洛夫学说之后,要改造中国的医学,对我说:'中医是封建医,西医(以细胞病理学者魏尔啸的学说为主导)是资本主义医,巴甫洛夫是社会主义医。'我想,在这样的认识指导之下,当然就应该反对中医和西医,取消一切现存的医院,靠巴甫洛夫的药(只有一种药,就是把兴奋剂与抑制剂混合起来,叫'巴甫洛夫液')来包医百病。"[2]

---

[1] 严搏非编:《中国当代科学思潮(1949—1991)》,三联书店上海分店,1993 年,第 12—87 页。

[2] 陆定一:《"百花齐放,百家争鸣"的历史回顾》,见《陆定一文集》,人民出版社,1992 年,第 842 页。

高度紧张的国际形势、严重困难的经济形势以及向苏联学习的选择，导致在意识形态领域开展了对资产阶级思想的大面积批判。每一个学科都找出了一个乃至几个典型的资产阶级思想和学说展开了批判。所谓"地理环境决定论"就是在这种环境下，被作为在地理学领域的主要资产阶级观点遭到严厉批判的。

如前所述，重视地理环境在人类历史发展中的作用的思想早在中国和西方古代就萌芽了，地理环境决定论作为一种比较成熟的学说形成则是在资本主义获得了比较大的发展以后。"一般认为，该学说产生于18 世纪，是由法国社会学家孟德斯鸠提出并由德国地理学家拉采尔等人加以发展的。该学说认为，某个国家的制度、政体、人口素质与分布、人的生理与心理、民族的道德面貌、宗教信仰、法律以及风俗中的某些特征，是由气候、土壤及人们居住领土的性质等地理环境深刻影响形成的。"[1]地理环境决定论从一开始就带有自身的内在缺陷，拉采尔等人的地理环境论或多或少地染上了种族主义的色彩，传递到豪斯霍夫那里

---

[1] 曹诗图:《关于"地理环境决定论"批判的哲学反思》，载《世界地理研究》，2001 年，第 10 卷第 4 期。

就"被用来为希特勒的纳粹政权服务，……他的关于'地缘政治是人们之间公证分配地球空间的强有力的战斗手段之一'的名言，非常适合德国法西斯分子的口味，为希特勒制定了'活的边界'以及'大日尔曼'等一类反动力量，力图证明纳粹德国先占领欧洲，然后占领全世界的权力"[1]。

正是由于地理环境决定论的明显缺陷，它在 20 世纪 30 年代的苏联以及 50 年代的中国遭到了大规模批判，其理论影响一直持续到 20 世纪 90 年代。批判的理由主要有以下三点：

其一，从哲学基本理论的高度来看，地理环境决定论属于形而上学的唯心主义阵营。"从根本上说，地理环境决定论仍未超出唯心史观的范围，因为它把社会发展变化的根源归结为地理环境造成的人的生理，特别是心理特征的作用。照此观点，一些民族受到剥削和压迫完全是自然条件造成的。这显然是对侵

---

[1] 宋正海：《地理环境决定论的发生发展及其在近现代引起的误解》，载《自然辩证法研究》，1991 年，第 7 卷第 9 期。

略者和压迫者有利的结论。"[1] 地理环境决定论是"社会意识决定社会存在的历史唯心论。因为他们认为地理环境首先决定人的心理状态，而心理状态又决定社会发展，把社会存在和社会意识的关系搞颠倒了"[2]。从方法论的角度出发，则地理环境决定论是"静止不变的观点。地理环境在社会发展中的作用是变化的，在生产力发展的不同阶段地理环境对社会发展所起的作用不同，地理环境中的不同要素对社会发展的作用也不同，而他们则认为从来如此，永远如此，永远起决定作用，是一种静止不变的观点"[3]。地理环境决定论"不懂得地理环境同社会生活是两种不同质的事物，它们变化的特点也是不同的。这种观点无视二者之间的确定界限，把它们主观地、形而上学地硬加以联

---

[1] 肖前、李秀林、汪永祥主编:《历史唯物主义原理》，人民出版社，1983年，第59页。又见王继编著《理论社会学》，陕西师范大学出版社，1990年，第44页，话语基本相同，只有个别字眼的区别，即该书是完全同意此观点的。

[2] 赵光武、李澄、赵家祥:《历史唯物主义原理》，北京大学出版社，1982年，第65页。

[3] 赵光武、李澄、赵家祥:《历史唯物主义原理》，北京大学出版社，1982年，第65页。

系"[1]。

其二，地理环境决定论是为帝国主义的侵略服务的反动理论。地理环境决定论"在帝国主义时代形成的地缘政治学中，发展成为一种反动理论。地缘政治学的基本观点就是，认为国际政治现象受地理环境的制约，地理决定政治，它把世界划分为'中心区'和'边缘区'等若干区域，然后把这些区域同各民族的'发达'与'落后'、'文明'与'愚昧'联系起来，宣扬民族沙文主义和'侵略有理'、'奴役有功'的谬论"[2]。

其三，地理环境决定论否认人的主观能动性，否认生产方式是社会发展的决定性条件。这一观点来自斯大林对地理环境的看法。斯大林在他亲自撰写的《苏联共产党（布）历史简明教程》中写道，"地理环境影响当然是社会发展底经常必要的条件之一，而且它无疑是能影响到社会底发展，加速或延缓社会发展进程。但它的影响并不是决定的影响，因为社会底变更和发

---

[1] 肖前、李秀林、汪永祥主编：《历史唯物主义原理》，人民出版社，1983年，第59页。

[2] 肖前、李秀林、汪永祥主编：《历史唯物主义原理》，人民出版社，1983年，第59页。又见赵光武、李澄、赵家祥：《历史唯物主义原理》，第64—65页。

展要比地理环境底变更和发展快得不可计量。欧洲在三千年内已更换了三种不同的社会制度：原始公社制度，奴隶制度，封建制度；而在欧洲东部，即在苏联，甚至更换了四种社会制度。可是，在这同一时期内，欧洲境内的地理条件不是完全没有变更，便是变更得很少很少，甚至地理学也不肯提的它"。"地理环境决不能成为社会发展底主要原因，决定原因，因为在数万年间几乎仍旧不变的现象，决不能成为那在几百年间就发生根本变更的现象发展的主要原因。"[1] 斯大林的话注重生产方式的变革在社会发展中的作用，其表述中心在于论证革命的合理性。因此，基本出发点与基本立场并无原则性问题。但是他的表达过于绝对化，过于强调社会内部因素的作用，因而忽视和降低了地理环境对人类社会发展的制约和作用。由于个人权威的过于集中以及社会对其思想的宗教式解读和理解，斯大林这些话最终成为批判地理环境决定论的圭臬。

1937 年，毛泽东在撰写《矛盾论》时也表达了基本相似的观点："整个地球及地球各部分的地理和气候

[1] 苏联中央特设委员会编：《联共（布）党史简明教程》，外国文书籍出版局，1949 年，第 150 页。

也是变化着的，但以他们的变化和社会的变化相比较，则显得很微小，前者是以若干万年为单位而显现其变化的，后者则在几千年、几百年、几十年、甚至几年或几个月（在革命时期）内就显现其变化了。"[1] 毛泽东的这段话在于阐述辩证唯物主义的宇宙观，即事物发展的主要原因在于事物的内部，在于事物内部的矛盾性，而不是事物的外部。关于环境问题的阐述是为论证内因、外因关系服务的。从这一论证维度出发，毛泽东的话并无太大过错，但是由于呼应了斯大林的观点，并且低评了环境的作用，还是被奉为了批判地理环境决定论的理论依据。

从整体上看，各学科对于地理环境决定论的批判并没有完全否认地理环境决定论在历史上的进步作用，认为"这类观点在资产阶级反封建、反宗教的历史时期，曾起到过一定的积极作用，因为它毕竟否定了上帝、神和超世界精神的唯心史观，主张用自然界的原因来解释社会发展的原因，因而包含有唯物主义

---

[1] 毛泽东:《矛盾论》，见《毛泽东选集》（第一卷），人民出版社，1991 年，第 302 页。

的因素"[1]。论者还指出了地理环境决定论在发展过程中的恶劣演化，及其为帝国主义侵略服务的本质。这些论证显然都是正确的。

但在学术问题强烈地意识形态化、政治统帅一切的年代，将对待地理环境的态度上升到哲学基本问题的高度，上升到侵略与反侵略的高度，实际上就是给地理环境决定论戴上了一顶令人无法喘息的帽子，就是将地理环境论置于了反动学术的行列。人们自然会远离地理环境问题，并在地理环境问题上噤若寒蝉了。

哲学界对于地理环境决定论的批判，直接影响到了其他学科的学术研究，各学科都开始批判、摒弃地理环境决定论。在经济地理学领域，将地理环境决定论视为资产阶级的反动学说，认为他们的关于社会的进程决定于自然条件的理论已经丧失了科学性，是为了掩盖社会主义制度对资本主义制度的优越性[2]，并"开展了对资产阶级地理学术思想的批判，包括对地理环境论、或然论、地缘政治学、种族优劣论、马尔

[1] 王继编著:《理论社会学》，陕西师范大学出版社，1990 年，第 44 页。

[2] 中国人民大学经济地理教研室:《外国经济地理学》，中国人民大学出版社，1953 年，第 15—17 页。

萨斯人口论的批判。清除了资产阶级地理学错误思想在我国的流毒和影响，为建立马克思主义经济地理学扫清了道路"[1]。在社会学等社会科学领域也都展开了对地理环境决定论的批判。

在此一大的形势导引下，历史学科自然不能例外，地理环境决定论或曰地理环境论被视为资产阶级的唯心主义学说，"从表面上看，地理环境论好像是唯物的，因为它从客观世界中找社会发展力量，它和那从上帝和宗教中来解释社会的发展是不同的。但实质上它也是唯心的，它把社会发展归结于地理环境是错误的、反科学的、毫无根据的。它不能说明：为什么地理条件差不多相同的国家，如塔吉克苏维埃共和国和埃及，前者经济和文化各方面都在繁荣着，发展着，而后者却在贫乏下去"[2]。

这一时期对于社会经济的研究着重点在于社会生产关系，强调生产关系变革对于社会经济发展的推动作用，强调人民群众的历史主人地位，进而重视人民

---

[1] 张维邦编著：《经济地理学导论》，山西人民出版社，1985 年，第 35 页。

[2] 中国人民大学经济地理教研室：《外国经济地理学》，中国人民大学出版社，1953 年，第 18 页。

群众对生产工具的改进和对生产力的推动作用。环境意识在学者叙述和论述历史现象时是被遮蔽的，关于经济发展中的环境问题是以曲折的形态表现出来。

其一，对于原始社会和古代社会经济的研究更多注重的是人的能动因素，注重的是劳动在社会经济发展中的作用，强调的是人类征服自然的力量。自然条件不同带来的经济形态的差别和自然环境对人类经济发展的制约作用等环境意识隐晦、曲折地在词句间流淌。

关于原始社会的经济，研究经济史的学者一般认为"人类认识和支配自然的能力是极其有限的"[1]，因此人类的工具是极其简陋的，生活是极其艰苦的。但是，在此基础上史家一般强调的则是人类征服自然的能力。《中国通史简编》认为，"中国境内各民族的远古祖先，在全国地面上，以不同程度的文化，为发展生产，艰苦地向自然界做斗争"[2]。这一时期的著作同样引用了古代文献中"茹草饮水，采树木之实，食蠃

---

[1] 周一良、吴于廑主编：《世界通史》（上古部分），人民出版社，1962年，第13页。

[2] 范文澜：《中国通史简编》（修订本），人民出版社，1958年，第87页。

蜿之肉""上古之世，禽兽多而人民少，于是民皆巢
居以避之……故命之曰有巢氏之民"之类的话语，但
强调的是懂得制造工具、拿着石块和木棍等工具与自
然斗争的人类的自觉活动，"原始人群在这样的采集
生活中，不知经历了若干万年。在这悠久的时期中，
他们不知经历了若干我们今日所想不到的艰苦危难，
也不知用了我们今日所想不到的英勇和坚决的大无畏
精神，去和大自然的压迫斗争，以争取人类的生存和
发展"[1]。有的著作在叙述原始社会的经济状况时，首
先描写原始人类所处的自然环境，包括地貌、动植物
以及气候等，其内在含义是这样的自然条件人类食物
来源丰富，有利于人类的生存和发展。但是文本的明
确表达却是，"他们的生活是极其艰苦的。为着生存，
他们一年到头不停息地劳动着，斗争着。他们用原始
的劳动工具，贫乏的劳动经验，简单的劳动协作，去
对付自然界的种种灾难，抗击猛兽的频繁侵袭，猎取
必要的食物，无疑是非常艰巨的事情。""艰苦的生活
折磨着中国猿人，但也锻炼着中国猿人。他们在原始

---

[1] 翦伯赞：《中国史纲》，三联书店，1950 年，第 28—29 页。

人群的社会中，经过长期的艰苦劳动和斗争，克服着重重困难，顽强地改造着自然，改造着自己的体质，创造了远古的文化。"[1] 周谷城所著《中国通史》以"古人对自然的斗争"为标题叙述古代的社会经济与社会生活。他认为"古代人民为改善生活起见，常向冲击地带及有水利可图的地方发展"[2]，但要在这些地方发展，必须不断地同水作斗争，克服水患，才能获得水利。因此，古代经济发展的历史，其实就是人类不断地同自然界斗争的历史。

虽然人类征服自然的能力是不断提高的，但是人类仍然在很大程度上受到自然条件的制约，同时也带来人类对自然环境的破坏性影响。然上述问题很少进入史家的视野，而是仍然着眼于人类的能力提高，欢呼人类征服自然的进步。《中国史纲》提出，古周口店等人类生活遗址中大批古生物化石的发现"就指明了狩猎在当时人类生活中，已经占领了很重要的地位。并且由此我们可以想象'燧人氏'时代的人群，已经再不是拘束于内海周围之可怜的采集者，而已一变为

[1] 郭沫若:《中国史稿》(第一册)，人民出版社，1962 年，第 8—9 页。

[2] 周谷城:《中国通史》(上册)，新知识出版社，1955 年，第 29 页。

英勇的猎人。他们拿着鹿角制成的匕首，或是有柄的投枪，在蒙古高原，在河北平原，在鄂尔多斯，在陕甘北部，到处展开了'烧山林，破增薮，毁沛泽，逐禽兽'之大规模的狩猎活动。到处的森林都烧起了熊熊大火，到处的猎人，都发出了雄壮的呼声，于是在胜利的呼号中，大批的野兽抬进了洞穴。同时，在内海的周围，在易水流域，在西拉乌苏河，在黄河的沿岸，都布满了捞鱼的人群。此外，在这一带的山坡和原野也有成群的女子，进行采集。现在，在原始人的采集得到上，已经不仅是球根，果实和螺蛤之类，而是添上了许多前所未有的山珍野味了"[1]。作者以显而易见的热情和兴奋赞美人类生产的进步和对大自然的胜利。的确，没有这些先人的努力，人类经济不可能发展到今天的高水平。虽然作者的主旨是赞美人类的力量，但其中也不自觉地透露了自然条件对人类的限制，以及人类对自然环境的依赖。比如渔猎经济就只能发生在水源丰沛的地区，而狩猎只能在森林茂密的地区进行。然这些问题都是在作者的视野之外的。同

---

[1] 翦伯赞:《中国史纲》，生活·读书·新知三联书店，1950 年，第 37—38 页。

时，作者赞美的毁林现象，虽然在当时对于大自然的损害是微乎其微的，但却开人类毁林之先河，在人类经济高度发达、在作者赞美的大部分地区已成荒山秃岭的时候，再如此赞美人类的毁林行为，而不是在阐述人类社会经济进步的同时予以理性分析，显然是环境意识缺失的结果。

上述对于历史社会经济发展中人类作用的赞美中潜在的环境意识，在其他的著作中也有所体现。例如在谈到细石器文化在不同地区的不同表现时，有些学者的论述就涉及了自然条件不同带来的差别。北方的居民"适应着北方草原地区的自然条件，选择水草丰盛的河流沿岸和内陆湖泊附近为驻地，主要进行狩猎和畜牧活动"。"不过，同属细石器文化，各地也不完全相同。东北和内蒙古北部，像黑龙江齐齐哈尔附近的昂昂溪的人们，主要从事渔猎生产。内蒙古东南部西喇木伦河一带，既有水草，又有耕地，农牧业同时被经营着。林西遗址是这种经济的典型，……内蒙古西部直到新疆这一广袤地区，则以狩猎和畜牧为主要生产部门。"显然，造成同为细石器文化的不同地区间经济形态差别的主要原因与自然条件的不同，也就是环境的限制有重要关系。但是作者并没有因此得出这样的结论，而是笔锋一转，得出了"由于这些差别，各地区的社会发展趋势就具有极大的不平衡性"[1] 的结论。很明显，这个结论应当是环境条件分析之后的次级结论，但是在环境意识缺失或者环境问题被遮蔽的时候，主要结论被跳过了。

研究世界史的学者对于自然条件的不同带来的原始社会时期经济形态的不同给予了比较多的关注，并在叙述中流露出来。周一良、吴于廑主编的《世界通史》上古部分第一、二、三编在阐述上古不同地区文明的产生时，均首先叙述自然条件或者地理环境，分析自然条件的特点及对人类经济活动的影响，以及由此导致的经济形态的不同。例如在叙述尼罗河、两河流域古代文明的发生时，均认为这些大河的定期泛滥，带给了沿河流域肥沃的土地，并因此带来了农业的发达。论及爱琴海地区上古文明的发生时，则特别叙述了其多山又海岸线曲折的独特自然条件，指出这样的自然条件由于肥沃的土地少而不利于农业的发达，但是有

---

[1] 郭沫若:《中国史稿》(第一册)，人民出版社，1962年，第8—9页。

利于航海业的发展，加之爱琴海地区有不少地方出产大理石等各种矿物，乃造就了商业的早熟和发展。对于古印度的情况则特别指出了其"地理形势的割裂"，使得其南北两个地区自然条件差异很大，带来了经济形态的极大不同。

世界史研究中对于地理环境和自然条件的重视，显然与世界各地地理环境的不同，因而带给经济发展的巨大不同有关，而这种不同是任何一名客观地看待历史的学者都能意识到的。但是这并不意味着有关世界经济历史的研究中有更多的环境问题的出现。因为，这些学者的著作并没有如 20 世纪上半叶的学者那样明确地阐述环境在经济发展中的作用，也没有正面地阐述环境因素在社会经济发展中的作用，相反，谈论地理环境差异的结果总是被引向对人的能动性的关注或者赞美。

其二，近代工业社会经济发展史研究中的环境意识是在关于工人阶级遭受苦难的研究中体现出来的。

对于人类进入工业社会后历史的研究，学者一般在肯定生产力发展的前提下，着眼于生产关系的变革，着眼于日益激烈的阶级斗争。认为经济史的研究就

是 "通过各个国家不同历史时期经济发展的具体史实，来研究人类经济生活与社会经济发展的规律，来研究生产力和生产关系辩证发展的规律，亦即研究人类历史上各种生产方式变革规律在不同国家发生作用的具体形式和具体特点"[1]。"在阶级社会里，任何一门社会科学都有阶级性，因为他们都是在阶级斗争中产生的，都是一定阶级利益的反映，从而都是为一定阶级服务的。"[2] 因此，作为社会科学的经济史，"同样具有强烈的阶级性与党性"。从中国近代社会经济发展的历史来看，"每一阶段经济基础发生变化，就必然引起上层建筑与阶级斗争的变化，所以中国近百年来经济发展变化的过程也就是中国人民革命斗争的过程"[3]。在这样的研究框架内，史家关注的重点是生产关系的变革和尖锐的阶级斗争的发展史。而对于随着工业化进程的展开而日益凸显的环境问题则付之阙如。但是，

[1] 四川大学经济系五六级同学集体编：《外国国民经济史讲稿》，高等教育出版社，1959 年，第 1 页。

[2] 四川大学经济系五六级同学集体编：《外国国民经济史讲稿》，高等教育出版社，1959 年，第 8 页。

[3] 湖北大学政治经济学教研室编：《中国近代国民经济史讲义》，高等教育出版社，1958 年，前言。

在对工人阶级生活状况的叙述中还是在不经意间透露了些许环境问题，曲折地折射了一点环境意识。

此一时期的经济史著作一般都会给劳动人民以及工人阶级以极大的同情，并且以相当大的篇幅描述劳动人民的生活和工人阶级的处境。四川大学经济系五六级同学集体编写的《外国国民经济史讲稿》，除叙述苏联经济发展的这一篇外，每一章均以"工人阶级状况"或"工人阶级的贫困化与工人运动"为题，设专节或目描述工人阶级的生存状况和劳动状况。在这些叙述中一般会触及工人阶级的劳动条件，谈及 20 世纪初美国工人的生产条件时，作者指出"资本家还以工人的生命来换取生产安全设备投资的减少，这样就使工伤事故大为增加，美国煤矿工人死于生产事故的人数，1914 年比 1878 年增加了 71.5%" [1]。谈及英国工人阶级的情况时则引用了恩格斯的话来证明工人阶级生产条件的恶劣，"年轻的女孩子们在发育期间的劳动还引起很多反常现象。……工厂中的高温和热带气候的酷热起着同样的作用，而且和这种气候下的情形

---

[1] 四川大学经济系五六级同学集体编：《外国国民经济史讲稿》，高等教育出版社，1959 年，第 195 页。

一样，发育得太早，结果衰老得也早"[1]。谈及 20 世纪初法国工人阶级的情况时则明确指出，"法国在二十世纪初还没有实行任何社会保险，工人的劳动条件极为恶劣，谈不到有什么劳动安全设备。如 1906 年 3 月 10 日法国北部库列尔煤矿里发生爆炸事故，死去矿工 1200 多人，而事情发生的第二天，该煤矿公司为了继续开采煤矿，甚至下令封闭坑道的进口，停止对尚未死亡的遇难工人的救护工作"[2]。上述对工人阶级劳动状况恶劣的描写，实际上是揭示了劳动环境的恶劣，以及由此给劳动者的身体健康带来的影响。

在中国经济史著作中也多有这种描写，其关于劳动环境的揭示更多、更清晰。"在工人矿山里没有安全设备，工作条件之差也是骇人听闻的。如安源矿井，常常有倒塌、穿水、起火等严重事故发生，'早晨有人下井去，不知晚上出不出'。工人常常被压死、烧死或淹死。……至于各种职业病，在工业中更是屡见

---

[1] 四川大学经济系五六级同学集体编：《外国国民经济史讲稿》，高等教育出版社，1959 年，第 57 页。

[2] 四川大学经济系五六级同学集体编：《外国国民经济史讲稿》，高等教育出版社，1959 年，第 278 页。

不鲜，如纺织业中肺病、脚气、寄生虫病、长期腿疮等是很普遍的。"[1]郑学檬的《中国工业无产阶级的产生及其早期的状况》[2] 一文，全面叙述了自中国工人阶级诞生至 19 世纪末的情况。全文共分四个部分，前三部分叙述了工人阶级产生的历程，第四部分全面描述了工人阶级的生产生活状况。综观全文，第四部分所占比例最大，描述也最详细，并因此涉及了早期工厂生产中频发的生产事故问题，作者指出"工矿企业的灾难简直多得惊人"。最后作者得出结论说"这些厂矿灾难的发生，完全是厂矿当局一手造成的，这是只顾发财、不问工人死活的残忍行为"。作者提到的这些生产事故实际上就是安全生产问题，而安全生产问题是近代工业产生后的环境问题的重要议题之一。

此一时期编纂的史料汇编中也必然有关于工人阶级状况的专门章节，展示工人阶级的生产生活情况，而这些史料又更生动、具体地体现了近代工业发展中

---

[1] 湖北大学政治经济学教研室编:《中国近代国民经济史讲义》, 高等教育出版社, 1958 年, 第 347 页。

[2] 原载《史学月刊》1960 年 4 月号, 本文的摘引来自黄逸平编《中国近代经济史论文选》, 上海人民出版社, 1985 年, 第 954 页。

带来的环境问题。例如孙毓棠、汪敬虞以及陈真、姚洛编纂的均命名为《中国近代工业史资料》两套大型史料集，都对工人阶级的生产、生活状况给予了高度关注，并以相当大的篇幅辑录了大量相关史料。孙毓棠、汪敬虞编纂的《中国近代工业史资料》第一辑、第二辑均专设一章全面反映近代工业工人的情况，这一章下均设四节，从工人阶级的数量、工人阶级集中的情况，到工人阶级的工资收入、工人阶级的生产生活状况给予了全面反映。其中第一辑中的"工厂的灾害"和"矿山的灾害"，以及第二辑中的"矿山的劳动灾害""工厂的劳动灾害"两部分主要收录的就是工伤事故情况等史料，以及由此给工人带来的严重伤害，并且进一步透露了工厂环境污染对周围的影响。"[烟台]丝厂恶气熏空，污秽遍东海滩。厂中既不允许设法，会中[华洋工程会]即无权阻之。"[1]这段话虽然短，但是透露的信息却是非常重要的，这段史料的记载表明，丝厂的空气污染并非仅仅局限于工厂，而是已经波及了周围地区，给周边地区带来了危害。选录这段

---

[1] 汪敬虞:《中国近代工业史资料》(第二辑下册)，科学出版社，1957年，第 1208 页。

史料也表明编者的着眼点虽然在于揭露资本主义的罪恶，但其视野确实并非仅仅局限于工厂内部，而是关注到了工厂空气污染问题带来的社会问题。陈真、姚洛合编的《中国近代工业史资料》虽然没有为工人问题设专题，但仍然在利润和剩余价值题目下为工人问题专设了两个小标题，汇集了相当数量的有关工人阶级遭受压迫的史料。

其他专题性史料汇编也都包含了有关工人阶级状况的史料。如上海社科院经济研究所编纂的《荣家企业史料》第九章以"民族危机下工人生活的恶化与斗争"为题汇集了大量有关工人状况的资料，其中第一节第一目中的第二个小问题的题目是"加强工人劳动强度，工伤事故经常发生"，其中刊载了不少与工伤事故有关的史料。这些工伤事故的发生，往往与工厂管理方不注重生产安全、不注意生产环境的基本标准有关，"由于工作时发生不幸事件，在纱厂里是很多的。机器压断了手、膀、足，是时常在车间里发生，尤其是压断了手的最多"。"昨晨一时许，本邑申新第三纱厂机间工人名小和尚（年三十余岁）因受闷热不支，突然晕厥倒地，未几即不治而死。"[1] 辑录上述史料的目的在于反映工人阶级所受的深重压迫，但是同时反映了机器工业发展过程中生产环境的恶劣，以及发展生产、追求利润而忽视人的健康的低级环境意识。

《上海民族橡胶工业》[2] 一书是上海社会科学院经济研究所主编的中国资本主义工商业史料丛刊的一种，为民族橡胶工业发展史的史料集。这本书的第三章以"工人生活与工人运动"为题，其中第一节第三目的标题为"恶劣的劳动条件"，这里汇集的史料除涉及了安全生产外，还触及了劳动场所的空气污染问题。"橡胶工业用汽油的地方很多，汽油慢性中毒成为橡胶工人最常见的职业病。资本家一向对此置之不问。大中华厂有个工人因车间汽油味太重，要求开窗通风，资本家不答应，因为开窗作业会多耗汽油，总是把门窗紧闭。日伪统治时期，资本家还大量使用苯代替汽油，苯的毒性比汽油更大，这在资本家是不管

---

[1] 上海社会科学院经济研究所经济史组编：《荣家企业史料》（上册），上海人民出版社，1962 年，第 569 页。

[2] 这本书由中华书局出版于 1979 年，但书的编辑在 20 世纪 60 年代上半期就开始了，并于 1966 年完成。此后由于"文革"的发生，出版被搁置，直至"文革"结束。详见该书前言。

的。汽油慢性中毒是由头痛、头晕渐至关节痛，手脚麻木，下肢浮肿，肌肉萎缩。"[1]《刘鸿生企业史料》也在呈现工人恶劣的生产条件的同时触及了环境污染问题，"火柴工人生活的痛苦，并不在他们的待遇，而是在一种硫磺、硝酸、磷的气味，这种气味，不仅是难闻，而且是大有害于身体的健康。而火柴的原料，就是硫磺、硝酸、磷几种。火柴工厂里工人，除了梗片科而外，谁也免不了这一种'浩劫'。因此，火柴工厂里工人，大都是有肉无血，黄皮骨瘦的。同时，火柴工厂的工人，做工是很危险的。制药科与涂药科的工人，因为药的气味而得病的是常事，包装科的工人，因为包装要快的原因，揉搓火柴灼伤手，这更不为稀奇。就是梗片科，除了要闻难闻的木臭外，那一尺长的雪亮的刀，架在机器上，偶一不小心，五个手指便要一刀而下的"[2]。上述两段史料反映出来的环境问题

---

[1] 上海工商行政管理局、上海市橡胶工业公司史料工作组编：《上海民族橡胶工业》，中华书局，1979 年，第 155 页。

[2] 上海社会科学院经济研究所编：《刘鸿生企业史料》（中册），上海人民出版社，1981 年，第 295 页。这套史料丛出版于 1981 年，但反映的是 20 世纪五六十年代的史学意识，该书的编纂始于 1958 年，完成于 1964 年 11 月。此后遭逢"文化大革命"而被搁置，"四人帮"被粉碎后，觅得原稿，经过修订出版，详见该书前言。

有了更直接的体现，反映的是工业发展特别是化学工业发展带来的空气污染问题以及对生产者身体的严重危害。由于缺乏基本的防护措施，有毒气体充斥于生产场所，严重危害工人的身体健康，因而也就成为工人阶级遭受压迫的重要表现。可以看出，这时的环境意识是遮蔽在阶级斗争理论的光环之下的。但是就像完全被地影遮盖的月全食同样可以泄露太阳光线的秘密一样，在阶级斗争叙述框架下，环境问题仍然不可遏制地体现了出来。

其他此一时期编纂的专题史料，如上海社会科学院经济研究所编纂的《英美烟公司在华企业资料汇编》，南开大学经济研究所、南开大学经济系联合编纂的《启新洋灰公司史料》，中国科学院经济研究所、上海社会科学院经济研究所联合编纂的《南洋兄弟烟草公司史料》等均开辟一定篇幅汇集反映工人阶级劳动生活状况的史料。

需要指出的是，在上述反映近代工业化进程的历史著作或者史料汇编中所触及的环境问题，并非作者研究本意所致，而是在阶级斗争史观指导下的论证过程中必然会触及的问题。因此，上述论著和史料汇编的重点一般在于工人阶级的低工资报酬、遭受的层层剥削、苛刻的规章制度对工人身心的摧残等，至于恶劣的劳动条件只是其中的一个问题，并且不占主要地位。论证这类问题的目的在于证明资本主义剥削的残酷性和资产阶级的自私、贪婪本性，而非环境问题，其研究向度在于论证工人阶级革命的合理性和必然性。但是，单纯追求利润而不顾及工人阶级的生存条件是资本主义发展早期出现的普遍现象，因此，如果论证工人阶级遭受的深重压迫，必然会涉及环境问题，会涉及环境污染问题，从而曲折地揭示了不少工业发展带来的环境问题，并且不自觉地体现了一定的环境意识。这表明，环境问题就是人类历史发展过程中必须伴随的问题，是人类谋求发展必须面对的问题，不论人类是否自觉或者不自觉地对待这一问题，它必然都会在人类社会和经济发展中体现出来，并且反映到人类的意识中来，体现在人们的历史研究中。

尽管由于地理环境论被批判给经济史研究带来了很大禁忌，但仍有学者在著述和讲学中比较明确地提出了自然条件或曰地理环境在人类社会经济发展中的作用。梁方仲先生于 20 世纪 50 年代为岭南大学和中山大学经济系、历史系开设《中国经济史》课程时就提出，人类的生产劳动过程包括三个要素，其中第二个是劳动对象，这个劳动对象"或为自然界原来就有的东西，如土地、土壤、矿藏、水流和森林等；或为已经经过预先加工的东西，如在若干制造阶段中的原料或半成品等"。劳动对象和生产工具一道"是任何生产底必须条件"。这实际上就是说人类的生产劳动是离不开地理环境的，是受自然环境制约的。梁方仲认为，"作为劳动对象的自然条件，如煤藏、矿产等，它们自己在本质上改变得非常慢，但人类社会利用它们的方法却改变得相当快"[1]。可以看出，梁方仲先生所持的实际上是一种人与自然互动的环境观，自然环境虽然制约着人类社会的劳动生产，但是人类社会改变自然条件的能力又是非常强大的。

本着这样一种环境观，梁方仲在考察不同时期中国社会经济的发展时，一般都注重自然条件的禀赋，同时考察人类生产劳动的效果。例如在谈到商代小屯村的渔猎经济时，梁方仲就详细考察了考古所得的鱼

---

[1] 梁方仲：《中国经济史讲稿》，中华书局，2008 年，引论。

类化石，最终确定有六种鱼类是当时人类的食物，另外还有多种无法确定的鱼骨，表明当时人类食用的鱼类是相当广泛的。"唯鲻鱼能在殷商时代见于安阳，实为最奇异之事，因吾人熟知鲻鱼，产于中国东南沿海江河入海之处，而从无内地鲻鱼之记载。"对此奇异现象，梁方仲先生猜测可能是古人由沿海经过防腐保藏后运进来的，或者"因殷商时代此处之低廉环境与现时不同，可能此地有盐分较高之内地湖泊，或者有直接入海之川流，鲻鱼得以溯江而上以抵安阳或其近处。凡此均有待于别方面证据以决定之"[1]。其实呢，梁方仲先生有待后来考证的这个问题，经过中国自然地理的研究已经证明了，那就是中国的海岸线在殷商时代之际就在今河南河北交界一线，今天的海岸线是后来黄河冲击的结果。虽然梁方仲先生对此一问题的猜测有偏差，但其重视地理环境的影响可见一斑。虽然梁方仲先生有比较明确的环境意识，但是在当时的政治环境下是不可能有更多、更深入的学术研究和发展的，因此，梁方仲的经济史讲稿更多强调的是生产

---

[1] 梁方仲:《中国经济史讲稿》，中华书局，2008 年，第 38 页。

工具的进步和人类社会生产力的发展，以及生产关系的变更。

2. 改革开放后经济史研究中环境意识的复兴与经济环境史的发展

20 世纪 80 年代以后，经济史研究中的环境意识开始复苏，并且逐渐发展，开始朝经济环境史的方向发展。

促成这种研究趋势出现的原因首先与学界在地理环境论上的拨乱反正有重要关系。究竟应当怎样看待地理环境论？它究竟是完全反动的资产阶级学说，还是人类认识自然、认识自身的有益学说？这是一个带有学科研究基础意义的理论问题，如果不解决这个理论前提，社会经济发展中环境因素的地位和作用仍然不能得到正确评价。

20 世纪 80 年代以后，随着思想解放进程的加快，学界开始重新审视地理环境决定论，开始了地理环境论问题上的拨乱反正。1982 年，复旦大学历史系程洪率先发表了《新史学：来自自然科学的挑战》[1]一文，提出"人类一切社会生产、社会活动，总是在一定的自然条件下进行的"。他认为，"在生物发展史上，'生命是整个自然界的结果'，而人类的出现，也仅是由于自然的选择。人类社会产生后自然的作用并未消失，自然条件仍程度不同地影响着人类历史的进程"。"自然条件的作用可能表现为长期的趋势性感应"，"又可以表现为中期的诱导性影响"，"历史上的自然灾害常常促使阶级矛盾激化，导致直接的阶级对抗"。"自然条件还可以表现为短期的突发性控制，在特定的时空条件下甚至表现为决定性的影响，强烈地左右着某些极个别的历史事件。"他还把对问题的阐释提到哲学基本问题的高度来认识，大量引用了马克思、恩格斯等经典作家的论述，论证了承认自然条件在人类社会历史发展中作用的观点符合辩证唯物主义和历史唯物主义的原则。他指出，"马克思主义基本原理告诉我们，生产力和生产关系的矛盾运动是社会发展的根本原因。生产力体现人与自然的关系，是社会发展起决定

---

[1] 载《晋阳学刊》，1982 年第 6 期。

作用的方面，生产力决定生产关系"。通过这样的论证，他实际上就将自然环境还原为决定社会发展的生产力要素之一，赋予了地理环境论唯物主义学说的理论性质，揭开了重新审视地理环境决定论的序幕。

程洪的文章发表后，在学界引起了强烈反响。不久，宋正海、陈传康联合撰写了《郑和航海为什么没有导致中国人去完成"地理大发现"》[1]，文章提出，就郑和船队的规模、装备、技术而言，完全有能力完成地理大发现，但是为什么没有完成这样的人类壮举呢？其中深刻的历史原因与中国狭隘的地平大地观以及落后的制图技术有关。同年，章清的《自然环境：历史制约与制约历史》[2]，宋正海的《中国古代传统地理学的形成和发展》[3]，杨琪、王兆林共同撰写的《关于"地理环境决定论"的几个问题》[4]，严钟奎的《论地理环境对历史发展的影响》[5]等文章密集问世。这些文章

---

[1] 载《自然辩证法通讯》，1983 年第 1 期。

[2] 载《晋阳学刊》，1985 年第 2 期。

[3] 载《自然辩证法研究》，1985 年第 3 期。

[4] 载《社会科学战线》，1985 年第 3 期。

[5] 载《暨南学报（哲学社会科学版）》，1985 年第 3 期。

的共同特点是均认为"地理环境是社会存在和发展的必要条件","重视和强调地理环境对历史发展的影响,不仅不是资产阶级史学的理论,而且恰恰是马克思主义唯物主义史学理论不可缺少的一部分"[1]。这些文章承认,把地理环境对社会历史的影响作为理论学说首先提出来的确实是资产阶级思想家。但是必须区分其中的两种表现形式:第一种认为地理环境决定人们的思想气质,人们的思想气质又决定社会的政治法律制度;第二种认为地理环境决定生产力,生产力决定生产关系从而决定一切社会关系。从马克思主义唯物史观出发,以往对第二种表现形式的否定是不正确的,由此造成了对地理环境决定论的批判也是有偏颇的。有的文章还剖析了曾经被奉为圭臬的斯大林的话,"斯大林的论断,就地理环境不能成为历史发展的主要原因和决定原因这点,不能不说是正确的"。但是,"在斯大林看来,地理环境对社会发展的影响完全是外部的物理性的,只能加速或延缓","这在实际上根本否

---

[1] 严钟奎:《论地理环境对历史发展的影响》,载《暨南学报(哲学社会科学版)》,1985 年第 3 期。

定了地理环境对社会历史发展的重大影响"[1]。上述文章均认为应当区分地理环境决定论和地理环境论，前者用环境因素解释一切，甚至解释人种和心理气质的差别，这是错误的，甚至是为法西斯的侵略理论服务的。而地理环境论则正确估价了地理环境在人类历史发展中的作用，将地理环境还原到生产力中间，因而是符合历史唯物主义的，是正确的。

上述文章的面世，拨开了蒙在地理环境论上的迷雾，为解放思想、为正确认识地理环境的作用奠定了基础。1986 年，著名经济史学家宁可在《历史研究》上发表了题为《地理环境在社会发展中的作用》的长文，全面阐述了地理环境在社会历史发展中的作用。他认为，"地理环境，或者说，社会发展的自然环境、自然条件、自然基础，是社会物质生活和社会发展的经常的必要条件之一"。由于人类创造历史的活动都是在一定空间内进行的，所以"地理环境不单是人类历史活动的沉默背景和消极的旁观者，它本身就是人类历史创造活动的参与者，是这种活动的对象和材

[1] 严钟奎：《论地理环境对历史发展的影响》，载《暨南学报（哲学社会科学版）》，1985 年第 3 期。

料"。地理环境本身的变化虽然是缓慢的，但是由于加入了人的因素，这种变化却是不断扩大、加剧和加深的。地理环境的影响可以作用于人类社会的各个方面，包括生产力、生产关系、上层建筑、语言文化乃至意识形态等。然地理环境对于人类社会的最基本、最具决定性的作用是在对生产的影响上，"自然条件即地理环境是作为生产的一个不可缺少的方面在生产过程中起作用的。它是生产力的基本内容"。宁可先生全面论证了地理环境在人类社会历史发展中扮演的角色，正确评价了地理环境的作用，同时还指出了地理环境在社会经济发展中的重要作用，从而为地理环境因素重新进入经济史研究的视野奠定了基础。

上述关于地理环境论的理论论证是在哲学界、历史学界等人文、社科学者共同努力下完成的，上述文章的发表从哲学根本问题以及史学理论等角度突破了理论禁区，澄清了以往对地理环境论的误解，实现了在地理环境问题上的拨乱反正。这样做的结果，一方面解放了思想，解除了学界的思想负担和思想禁锢，使学界能够放下包袱，轻装前进；另一方面则开阔了学术研究的视野，学者可以从环境的角度、自然条件的角度考虑和研究社会经济发展问题。于是经济史研究中的环境意识重新活跃起来，从环境的角度考量社会经济发展问题的研究不断出现，并逐渐进入蓬勃发展时期。

经济史研究中的环境意识的复兴还与国外环境史研究的影响以及现实环境问题的警示有关。外国环境史的研究产生于 20 世纪的 60—70 年代，此时世界进入工业社会已经 200 余年，环境问题日益突出，环境的日益恶化威胁着生态平衡，同时也就威胁了人类的生存，于是环境史首先在世界经济最发达的美国兴起。美国学者纳什（R.Nash）在《美国环境史：一个新的教学领域》中首先使用了"环境史"一词。在美国环保主义浪潮的冲击和启示下，环境史作为一门学科在美国出现，并且被学界归属于历史学范畴。到 20 世纪八九十年代，国外学者对于环境史的界定基本达成共识，认为环境史就是研究历史上人类与自然关系的学科，它要探究的是在历史的不同时期人类和自然环境相互作用的各种方式。国外环境史研究的方兴未艾逐渐影响了国内的研究，从 20 世纪 80 年代起，逐渐有中国学者向国内引进和介绍国外环境史研究，中国国内的环境史研究遂逐渐发展起来。

在上述因素的交互影响下，本身就具有环境史研究传统的经济史学界很快活跃起来。

最初，关于经济发展与环境关系问题的探讨是遮盖在关于中国封建社会长期延续问题的重新讨论中进行的。这个问题的讨论最早出现于 20 世纪 30 年代，是由于日本人秋泽修二宣扬侵略理论引起的。秋泽修二提出，中国封建社会长期延续的原因在于亚细亚农村公社的不变性，而这种不变性只有依靠皇军的武力才能最后解决。这套侵略理论引起了中国学者的极大愤怒，从而发生了关于中国封建社会长期延续原因的讨论。学者们从中国社会的政治、经济、社会结构等方面进行了探究。李达撰写了《中国社会发展迟滞的原因》一文，他从中国封建社会战乱的频繁、封建力役和剥削的沉重、宗法制度下聚族而居的农村公社、完整而严密的封建政治结构、科学的不发达、儒家学说的影响等诸多方面进行了探讨，此外还特别从地理环境的角度作了研究。他认为，"若说中国社会发达的迟滞原因完全受了地理环境的影响，这固然是错误的；但若说地理环境对封建社会全无影响，这也是不正确的"。中世纪的欧洲各国交往方便,便于相互学习,相互促进,而中国则因国土位置问题,周边均为落后的部族,"所以国与国之间的竞争是缺乏的,对于中国社会生产力的发展,不能有所激励"。国土的辽阔以及地理环境的隔绝性还造成了交通的不便,而交通的不便则限制了市场和商品经济的发展,"当然不能孕育出新的生产力了"。领土的辽阔,还使得历代无耕地缺乏之虞,"中国土地这样大,纵使人口加多一倍到两倍,在封建时代,农民也还是有地可耕的。因此我认为中国社会所以长期停留于封建阶段,这也是原因之一"[1]。显然,李达的视野具有相当的穿透力和独特性,对于环境因素的理解也有独到之处。但是他的论证相当粗糙,对于为何中国没有土地缺乏之虞的问题缺乏严格的论证和丰富的史料支撑,因此,从今天的研究来看,他的论证和结论显然是有问题甚至是错误的。但是,他提出的这个探究问题的方向,具有非常重要的先导意义,引导了学界对于环境因素的重视,并且影响了以后的讨论。

---

[1] 李达:《中国社会发展迟滞的原因》,见《李达文集》(第一卷),人民出版社,1980 年,第 702—703 页。

20 世纪 50 年代，讨论继续进行。不少人从经济结构、生产力和生产关系的矛盾运动以及上层建筑等方面进行了探究，主要着眼点仍然在于政治和生产关系的变迁，但由于涉及了生产力，也就蕴含了一定的环境意蕴。例如，范文澜认为，中国封建社会的人口总是落后于土地的容纳量，因此也就没有人满之患，从而导致缺乏改进生产技术的紧迫性和积极性，也就使得农业生产发展缓慢。这个论题中的土地问题明显是考虑了自然条件的因素，以及由此带来的农业生产的特点。他对人口与土地关系之比例的理解明显是受了李达的影响，其论点及论证都存在一定的偏差，没有体现学术进展。侯外庐"试图从地理因素（如大河流域所要求的公共职能来组织国家）来解释封建社会的停滞"[1]，这也是在实质意义上触及了环境问题。但是非常遗憾的是，侯外庐先生并没有因此展开论述，而是就此转向了政府的公共职能的讨论。他说，中国封建社会的皇族土地所有制长期存在的原因，"马克思、恩格斯根据具体的历史条件和一定的自然环境做

---

[1] 李孔怀：《关于中国封建社会长期延续原因讨论述评》，载《复旦学报》，1982 年第 3 期。

了精到的分析。他们都说到亚洲的水利工程和灌溉事业。由这一点，在过去有很多人误做地理环境决定论去推衍下去，他们只看到'水'的自然条件（如中国的渠道与运河等），而不知道马克思、恩格斯所要集中说明的论据，是在于马克思说的由此而产生的'一切亚洲政府所必须实现的经济功能，即建立公共工程的功能'的总经营者"[1]。在这里。侯外庐仅仅是碰了一下地理环境问题就闪开了。这种对于地理环境视角的蜻蜓点水式的闪现，显然是忌惮于地理环境论的结果。尽管有马克思、恩格斯等经典作家的话语作根据，作者还是不能将问题展开，作充分论证。

20 世纪 50 年代关于中国封建社会长期延续的讨论，侧重点在生产关系、经济基础上层建筑的关系等方面，个别学者的讨论由此触及了环境问题。他们的论点像流星一样一闪即逝，并没有主导讨论，也没有引起反响而引导讨论向环境问题的纵深发展。但他们的讨论有着重要的承上启下的作用，使得蕴含于问题

---

[1] 侯外庐:《中国封建社会土地所有制形式的问题——中国封建社会发展规律商兑之一》,见《中国封建社会史论》,人民出版社,1979 年,第 21 页。这篇文章最早发表于《历史研究》1954 年第 1 期,可知是 20 世纪 50 年代的产物。

其中的环境意识得以绵延，为后来人开启了大门。

改革开放以后，旧有的话题被重新提起，人们再次展开了关于中国封建社会长期延续问题的激烈论争。此次讨论的重要特点是参与人员的广泛，不仅历史学家参与了讨论，许多其他学科的学者也积极投入进来，而且用多学科的视角审视问题，由此提出了许多新的思考角度和新的观点。

这些新的角度或曰新的观点中最有影响的一个就是从地理环境、自然条件的角度对中国封建社会长期延续的原因进行探究。陈平的《单一小农经济结构是我国长期动乱贫穷、闭关自守的病根》[1]，傅筑夫的《人口因素对中国社会经济结构的形成和发展所产生的重大影响》[2]《从上古到隋唐重大历史变革的地理因素和经济条件》[3]《土地的不合理利用及其对农业的危

---

[1] 最早发表于《学习与探索》1979 年第 4 期，后又于 1979 年 11 月 16 日在《光明日报》刊载。

[2] 载《中国社会经济史研究》，1982 年第 3 期。

[3] 见《中国社会科学院经济研究所集刊》第 2 集，1981 年 2 月出版。后收入《中国经济史论丛》，续集的时候更名为《古代重大历史变革的地理因素和经济因素》。

害》[1]，徐日辉的《略谈地理环境对中国封建社会长期延续的影响》[2]《再谈地理环境对中国封建社会长期延续的影响》[3]，程洪的《封建时代：农业生产方式的历史——再论中国封建社会长期延续的原因》，李桂海的《地理环境对中国社会历史发展的影响》[4]等文章先后发表。这些文章的共同之点是，认为中国封建社会的长期延续，特别是封建的小农经济的长期延续，与中国的自然禀赋有密切关系，是地理环境的规定性影响的结果，也是在这种地理环境的制约下人地互动的结果。

陈平提出，"为什么每朝每代都奖励开荒、兴修水利，但自然灾害不仅没有得到根本治理，反而日益频繁？看来一个极其重要的原因是，中国历来的经济政策都只考虑政治特别是军事的需要，而不顾虑这些经济政策是否根本上违反了客观的科学规律，甚至根本不承认中国自然条件对经济结构所施加的基本限

[1] 见《中国经济史论丛》(续集)，人民出版社，1988年，第130—153页。

[2] 载《甘肃社会科学》，1983年第6期、1985年第3期。

[3] 载《贵州社会科学》，1984年第1期。

[4] 载《贵州社会科学》，1987年第6期。

制"[1]。那么这些自然条件又是什么呢？陈平认为，中国的自然条件的主要特点是多山少地，中国的国土面积虽然和欧洲、美国大体相等，但平原面积仅占十分之一，而欧洲美国占到了一半以上。因此，中国很早就感到了耕地不足的威胁。中国至迟在春秋战国时期，就已经由农牧混合经济转变为收益和产量都较高的以种粮为主的单一的农业经济。但这种以种植为主的农业经济需要的劳动力远多于牧业，由此就导致了"谁家壮丁多，垦地多，谁家就相对实力强，这就刺激人口增长，多生男子一直是农民的传统愿望。其结果是进一步导致按人口平均耕地的下降，构成恶性循环"。他认为，中国地理环境的另一个特点是山岭纵横，地形复杂，将全国分割为许多大大小小的经济自给区，这就使得农牧业很难结合，从而强化了单一的农业经济，使其可以长期延续。这种单一的农业经济给自然环境带来了严重破坏，"农牧林混合经济结构的最大优点在于保护了地球的自然生态系统，而毁林开荒、消灭草场，彻底破坏了长期形成的生态结构，导致水

---

[1] 陈平：《单一小农经济结构是我国长期动乱贫穷、闭关自守的病根》，见《陈平集》，黑龙江教育出版社，1988 年，第 1 页。

土流失、气候恶化、地力贫瘠，这就从根本上动摇了农业生产的自然基础"[1]。陈平的论证眼光宏大，角度出新，确实在学界产生了振聋发聩的作用。但是正如陈平自己所言，他的理科的学术背景，使得他没有受过正规的社会科学训练。因此，其论点缺乏充分足够的历史依据和严谨的论证。他的文章发表后，除了引来了大量的肯定和进一步的深化论证外，还引来了质疑和商榷。但是他的观点毕竟冲破了思想禁锢之门，起到了打开窗户、引进新鲜空气的作用。相比而言，著名经济史学家傅筑夫先生的论证不但开一代潮流之先，而且以翔实的资料和严密的逻辑，论证了地理环境在中国社会经济发展中的影响和作用。

20世纪80年代的上半叶，傅筑夫先生先后发表了《中国历史上几次巨大的经济波动》《古代重大历史变革的地理因素和经济因素》《土地的不合理利用及其对农业的危害》等长篇文章，重提中国社会经济发展中的地理环境问题，并以丰富的、翔实的史料有力地论证了地理环境因素在社会经济发展中重要的甚至

---

[1] 陈平：《单一小农经济结构是我国长期动乱贫穷、闭关自守的病根》，见《陈平集》，黑龙江教育出版社，1988年，第3—6页。

是根本性的作用。他说:"人是生活在地上的,是靠土地的生产物来维持生存的,这些自然条件——或者说地理环境,对于人类生活的各个方面当然都在起着直接的影响。大自然能够提供一些什么生存条件,人类的生产和生活方式及由此形成的社会结构形态,必然要与之相适应,这就是所谓地理因素的决定作用。不过自然条件或者说地理因素,尽管同样是变化的,却是一种异常缓慢的过程。从短期看,它的变化是不大的或不显著的,故不妨把地理因素看作是一种静态因素,在一定的时期之内可以把它看作是不变的;但从长期看,地理因素对历史上的一切发展变化都在起着潜在的决定作用,这种作用有时是通过经济因素表现出来,有时则与经济因素共同起作用,而这些经济因素如追本溯源到最后,仍然是地理因素。"他认为,"就中国历史来看,所有历史上的重大问题,分析到最后便可以看出,在背后起决定性作用的是地理因素,或者通过经济因素表现出来的地理因素"[1]。也就是说,傅筑夫认为中国历史中所有重大社会现象、历史问题

---

[1] 傅筑夫:《中国经济史论丛》(续集),人民出版社,1988 年,第 10—11 页。

的终极原因都应当在地理环境中寻找。

傅筑夫论域中的重大问题主要有以下几个：

第一，中国古代社会政治变迁与地理环境之间的密切关系。

为了论证这一问题，傅筑夫从中国古代文明为什么发源于黄河流域入手，仔细分析了黄河流域的自然条件。他指出，在古代落后的生产工具条件下，黄河中下游冲击平原的疏松、肥沃的土质，没有崇山峻岭的广阔平原的自然条件，最适宜古人使用的简陋笨拙的工具开垦土地。虽然全年平均雨量并不丰沛，却相当集中于作物生长季节，无霜期也相当长。这对于生产力落后的古代人民来说，实在是"比较适宜于经营简单农业和适合于聚居的地方"。

那么为什么后来中国的社会经济重心又不断转移呢？傅筑夫又从生产力发展与人口增长的关系的角度提出了"游耕"的概念和新经济区域的开发问题。

"古代帝王都邑之迁徙不定，是古史中一个很大的疑难问题，……究竟是什么原因促使他们常常迁徙呢？对于这个问题，前人一直未能做出一个确切的解释。"[1] 傅筑夫认为，都邑的这种不断迁徙，不能完全归咎于政治原因以及河患影响的结果，而是由于殷代生产力落后，农业经济虽已发展起来，但仍然处在游耕阶段的结果。"在榛莽遍野，禽兽逼人，而耕具又非常简陋的情况下，除了用烈火焚烧外，实在没有其它更有效的办法，可以使荒原变为耕地。"[2] 而采用这种方法开垦的土地，必然会在数年后产生地力衰退问题，因此游耕就不可避免。而游耕带来的后果就是使一片又一片的森林消失。加之人口的不断增长，"土地狭小"的问题日渐突出，使得游耕也由于人口问题而无法继续，这样就必然会不断有新的经济区域被开辟出来。

新开发的土地地力旺盛，带来了更多的农业收成。在农业经济占社会经济主要地位的条件下，农业的丰收首先就意味着国力的强大。傅筑夫认为，周兴殷亡，其背后的真正原因正是此种地理因素作用的结

---

[1] 傅筑夫:《殷代的游农与殷人的迁居》，见《中国经济史论丛》(上)，生活·读书·新知三联书店，1980 年，第 23 页。

[2] 傅筑夫:《殷代的游农与殷人的迁居》，见《中国经济史论丛》(上)，生活·读书·新知三联书店，1980 年，第 43 页。

果，"出现在殷周之际的一个巨大历史变化正是这样一种性质的变化。这要把这一历史变革在其深处起决定作用的因素和经济因素揭示出来，才能看清楚表面上是周王朝兴和殷王朝灭、新制度兴和旧制度灭的真正原因，而这个原因在表面上是看不到的"。"总之，殷周之际的一次重大历史变革，从本质上看，是新旧经济区之间的一次内部调整，是由一个刚刚开发不久的、生产力正在蓬勃发展中的农业区，征服一个历时已数百千岁、土地的自然力正在日益枯竭、农业生产力正在日益衰退之中的旧农业区。从新经济区迅速成长起来的周族，虽是一个后起的小邦，却代表了新生力量，而东方的都国诸侯，则随着整个经济区的衰退老化而外强中干，并都已摇摇欲坠，不堪一击了。"而周朝赖以发祥的关中地区的这种地理上的和经济上的优越条件，在周以后一直继续下来，这正是秦何以统一全国，楚汉相争中汉何以最终获胜的根本原因。"刘邦虽屡败屡退，甚至溃不成军，但有关中的无穷支援，终于扭转战局，获得最后胜利。项羽到了穷途末路、乌江自刎时，才悟出'非战之罪也'，是的，匹夫之勇是不能改变地理因素和经济因素在战争中的决定作用的。"[1] 东汉末年以后人口不断南迁，江南经济区的开发开始起步，三国以后进程突然加快，至隋唐时期经济重心完成南移，南方的经济发展水平超过中原地区。傅筑夫认为，这种变化的发生，也是地理因素和经济因素共同作用、但地理因素最终起作用规律的表现："造成这一重大历史变革的主要原因，是北半部中国的几个古老经济区遭到彻底破坏。而这一次的大破坏，不仅是长时间的，而且是毁灭性的，其酷烈惨重实远远超过了东汉末年的大破坏，因为它不仅毁灭了包括人在内的一切有形之物，而且毁灭了社会经济自我恢复和调整的一切机能。"此后，北方广大地区特别是关中和中原一带，"长期保持着荒凉凋敝之状，整个社会经济呈现一种衰落退化的状态"。南迁的中原人民把先进的生产技术和经营管理经验带到了江南，"由于这个地区具有远比黄河流域更为优越的自然条件，这个新的经济区自然就取代了旧经济区的地位，而成为全国的经济重心。这个地位的取得，完全是由客观的地理因素和经济因素所决定，而经济因素更起着第

---

[1] 傅筑夫:《中国经济史论丛》(续集)，人民出版社，1988 年，第12—15 页。

一位的作用"[1]。

通过上述层层递进地展开叙述和论证，傅筑夫论证了自己关于地理环境在历史发展中发挥作用的论点。然傅筑夫并不简单的地理环境论者，他认为，虽然表面看起来自然条件变化是缓慢的，但是自然条件制约了社会经济的发展，而社会经济的发展最终又制约了社会政治等各方面的进展因革。也就是说，他虽然重视地理因素在历史发展中的重要作用，但并非仅仅强调地理环境的作用，也不认为地理环境能够单独作用于社会历史的发展。他认为，地理环境特别是自然条件的优劣确实在人类社会历史的发展中有重要的决定性作用，因为人类只能在既定的自然条件下发展生产，由是，自然条件的不同就具有了重要的决定性作用。但是这种作用是通过人类经济的发展体现出来的，人类社会生产力的发展水平，人类社会经济发展的模式会以不同的方式利用自然的赐予，而这种不同的利用方式最终会对人类社会的发展产生重要影响。

傅筑夫对于中国古代社会发展决定因素的探讨是

[1] 傅筑夫：《古代重大历史变革的地理因素和经济因素》，见《中国经济史论丛》（续集），人民出版社，1988年，第123—128页。

颇具新意而又具有高度科学性的。他强调了 1949 年以后在历史研究中长期被忽略的地理环境的影响，找回了曾经失落的生产力研究中的生产对象，而不是只强调生产力的另外两个因素——生产者和生产工具，从而引导历史学界的研究重归完整的唯物史观。另一方面，他对生产工具的出现和进一步发展的分析并不仅仅是赞美，而是理性面对人类对于生产工具的运用，以及由此给生态带来的危害。这些分析显然都是独具一格并且持论严谨的。

第二，中国传统农业耕作模式带来的环境影响。

傅筑夫不但论证在中国历史发展的早期地理环境因素对社会经济发展的影响，而且进一步分析了中国农业经济中的土地利用问题，指出了中国农业经济的发展模式给生态平衡带来的严重危害。他说，中国自脱离游牧阶段后就是一条腿走路，即以种植核心的农业为主要生产方式。这种生产方式需要大量的耕地，于是就要不断地开辟土地，焚毁森林和草场。还要不断地向河湖、高山要地。通过围堤排水造成的耕地"叫围田，后来又叫做圩田，唐代是这一造田运动的高潮时代"。除了向河湖要田，还向山上发展，"其声势之大，参加人数之多，实超过向水上发展。向山要田，就是与林争地，大规模地开发山地丘陵，就是大规模地毁林毁牧"。"这种田法古人叫做'畲田'或'畲耕'，三国时已见于记载，唐代是这一运动的高潮，唐人名之曰'烧畲'，又名曰'斫畲'，谓先将树木斫倒，然后放火焚烧，李商隐诗：'烧畲晓映远山色，伐树暝传深谷声'就是描写这种火田法"。"山中树木林莽经常被一再斫烧，不久即成童山，天然植被大量破坏，以致水土流失严重，结果，辛苦开辟出来的山田、坡田转瞬即化为乌有，留下的是怪石嶙峋。……大约在北宋末年和南宋初年在南方山区和丘陵地带出现了梯田，是解决山田水土流失的一种巧妙设计，但是梯田并不能完全解决山田的水土流失问题，……故多数农民仍继续斫畲烧山，大面积的水土流失依然如故。"最后傅筑夫得出结论说，"中国的农业生产系以粮食种植为主，而水土资源又严重不足，土地的最大部分是山区和丘陵，平原面积只占很小一部分，不合理的开发利用，不但没有增加多少耕地，与山争田与水争田的结果，反而造成无穷祸害"[1]。也就是说，中国的农业生产模式给生态带来了严重危害，不但没有解决好粮食问题，还引发了严重的生态问题，反而带来更严重的生存问题。

第三，人口增长背后的地理环境问题。

人口众多、增长很快是中国社会历史发展中的一个突出现象，傅筑夫认为"在周以后的各个历史时期中，任何一个重大的社会经济问题，其背后无不有人口因素在起着决定的影响。例如战国以后的两千多年中，整个社会经济成为一种波动起伏的动荡状态，即每隔若干年社会经济就遭受一次严重破坏，……就这样周而复始地重复着同一过程，结果，使整个国民经济在两千多年的长时期中，成为一个踏步不前状态"[2]。傅筑夫认为，造成这种状况的原因与天灾之频繁袭击有关，而天灾的频繁袭击则最终与人口有关。由于人口多，人均土地太少，还有大量无地少地的农民，这就使得人们不得不向大自然要地，于是开荒成了补

---

[1]　傅筑夫：《中国经济史论丛》（续集），人民出版社，1988 年，第17—22 页。

[2]　傅筑夫：《中国经济史论丛》（续集），人民出版社，1988 年，第 9 页。

救耕地不足的主要出路。"大家纷纷去向草原、向丘陵、向山坡去毁林、毁草，把原来不好利用、不打算利用的硗埆瘠土都开辟为耕地，而原来这些土地都是适宜种树、种草的天然牧场，现在都大片大片地毁灭夷平了。这样的开辟活动随着人口的不断增长是愈来愈猛烈，水旱天灾之频繁发生就成为必然了。"[1] 天灾的频繁发生就造成了经济波动，并由此引起了政治动荡。因此，社会动荡的最根本原因还是环境破坏带来的影响，是人口过度增长带来的对环境的破坏，以及由此对社会经济造成的负面影响。这说明，人口问题与环境问题是紧密相连的，而且是环境问题出现的直接诱因。

综上所述可以看出傅筑夫先生的环境史观有如下特点：

一是从地理环境的角度思考两千多年来中国社会经济发展的历史，从而看到了过去仅仅从政治史角度或者经济史角度思考问题所不能看到或者比较少关注到的问题，深化了对问题的思考，并且因此对许多困

---

[1] 傅筑夫：《中国经济史论丛》（续集），人民出版社，1988年，第9页。

扰史家多年的问题给出了令人信服的解释和结论。在傅筑夫先生的学术体系中，地理环境是思考和分析问题的基本出发点之一，他的思想中有深刻的环境意识，以至达到自觉的程度。唯有此，他才能在分析历史现象时时刻不弃环境的视角，处处考虑自然条件的影响，并因此产生独到而深刻的见解。

二是人地互动视域下的环境意识。在傅筑夫先生的研究中，着眼点是人与自然的关系，而非单纯的地理环境。谈自然条件时，谈的是自然条件的禀赋对于人类社会经济发展的规定性影响。谈人的经济活动，谈的是人的活动对自然条件的影响。他肯定生产力的发展，肯定由此带给社会的经济的进步和人类文明的进步，但是他并不忽略在此类进步和发展中人类的活动带给自然的影响，并由此论证经济发展的各种作用，指出这种发展的代价以及对人类社会长期发展的影响。

三是深切的忧患意识和可持续发展思想。傅筑夫论证任何一个社会历史经济现象和问题时，从不简单地为人类社会一时的成就所陶醉，而是从人类社会、社会经济长远发展的角度思考问题，指出经济现象的短期性和贻害后来的影响。例如，对于中国历史上的造田运动，他认为这是得不偿失、有害未来发展的，"与水争田和与山争田特别是后者，都在一定程度上扩大了耕地，增加了粮食产量，对于促进农业的发展确实起了一定的作用，但是这两种造田运动所得到的利益，却远远敌不过由此造成的祸害，而且这种祸害还是遗患无穷的"[1]。也就是说，造田运动从当时看可能是有些益处的，暂时满足了人们的粮食需求，暂时缓解了社会矛盾。但是由此带来的危害是长期的，给中国社会经济的发展造成的负面影响是根本性的。他的研究视角一直延续到当代，提出中国要实现农业现代化，促进整个国民经济的发展，必须首先弄清楚过去中国农业为什么长期停滞而不能发展。而关于这个问题，傅筑夫先生给出的答案就是开荒带来的生态破坏问题。显然，傅筑夫先生对于中国经济的发展有着深切的关怀，认为当代中国农业乃至中国经济发展的关键是生态平衡问题，是可持续发展问题。

陈平、傅筑夫等人的论证直接揭开了蒙在环境问

---

[1] 傅筑夫：《土地不合理利用及其对农业的危害》，见《中国经济史论丛》（续集），人民出版社，1988 年，第 153 页。

题上的面纱，随着中国封建社会长期延续问题讨论的深入，关于中国社会经济发展中的环境问题的研究逐渐浮出水面，不少经济史论著开始探讨社会经济发展中的环境问题，并且产生了不少积极成果。

这一时期面世的不少经济史著作均能关注环境因素的作用，并能在环境的视角下分析经济现象的因果。其中最有代表性的是由宁可先生主编的五卷本《中国经济发展史》。这套书涵盖了从远古到新中国成立后的 1998 年 200 万年间中国社会经济发展的历史，全面叙述了中国社会经济发展的方方面面，为 20 世纪中国经济史研究中具有代表性的、里程碑式的著作。这本著作的里程碑意义不仅在于其宏大和全面，还在于其新理念和新思路的运用。这些新理念和新思路除了生产力发展、生产关系变动、阶级斗争等传统的经济史视角外，还增加了政府经济政策与经济管理、民众生活习惯、国内生产总值分析等新角度，地理环境及其与社会经济互动的视角更是这部著作的鲜明特点之一。例如该书的秦汉卷就专设经济地理一编，从地理环境的角度探讨不同经济区域形成的原因。作者将当时的中国分为了中部、南部和北部三个区域，三个区域分别有不同的经济形态，中部是以农耕为主的经济区域，南部是农耕渔猎区，北部是游牧区。这三个有着显著差异的经济区域的形成，首先与环境条件的禀赋有关。中部地区指黄河中下游的广大地区，这个地区气候温暖湿润，地势平缓，土质较为软沃，为农耕业的发展提供了有利条件。南部农耕渔猎区包括长江中下游、淮河、汉水以及珠江流域。这一地区"气候潮湿炎热，居住环境不如黄河流域，有'江南卑湿，丈夫早夭'之称。境内的丘陵、山地往往覆盖着森林，平原地带则是水网密布，荆莽丛生，遍地的红壤土质坚密，垦荒翻耕相当困难"，因此，"那里的农业发展不充分，居民的生活在一定程度上要依靠原始的渔猎采集活动来补充"[1]。北部地区包括蒙古高原和青海东部，"这一区域处于亚洲内陆，距离海洋较远；地势较高，平均海拔 1400 米~1500 米。气候干燥寒冷，土地瘠薄，不利于种植业的发展，所以居民务农者少，

---

[1] 宁可主编：《中国经济发展史》（第 1 卷），中国经济出版社，1999 年，第 228 页。

多以游牧为主"[1]。三个不同区域不同经济形态的形成
源于地理条件的不同,这种地理条件的不同不但规定
了其经济形态的特点,还规定了其发展的速度和进步
的程度。例如北部区域虽然在政治、军事上对秦汉时
期的历史产生过重要影响,但在经济和文化上却长期
处于落后状态,而这种落后状态的形成与自然条件的
恶劣有密切关系。因为游牧经济的增长主要依赖于牲
畜的自然增长,而"牲畜受自然环境的影响很大,暴
风雪、旱灾、瘟疫都会迅速地毁灭规模巨大的畜群,
最终加速或导致游牧民族政权的分裂、衰败以致灭
亡"[2]。上述分析充分考虑了自然条件和地理环境带给
社会经济的根本影响,指出了不同经济形态发生、发
展的根本性原因。这样的分析书中很多,几乎论及每
个时期的经济发展时都会在一定程度上涉及地理环境
和自然条件因素。作者在论述过程中也常常赞赏人类
社会生产力的进步带来的对恶劣自然条件的征服和物

[1] 宁可主编:《中国经济发展史》(第 1 卷),中国经济出版社,1999 年,
第 231 页。

[2] 宁可主编:《中国经济发展史》(第 1 卷),中国经济出版社,1999 年,
第 233 页。

质资料的丰富，但是盲目相信人的力量的思想明显消退，重视地理环境制约作用的思想加强。

这部著作是中国经济史学界重生环境思想不足 20 年时间中产生的一部巨著，其环境意识当然不能与 21 世纪后的进展相比，其中还带有不少旧意识的痕迹，其研究还是在经济史框架内对环境问题的研究，环境因素的重提在于论证经济变化的原因，而非经济变化的规定性因素。但这样的论证有其历史原因，它的产生就是意义，它为后来者提供了思想养料，开辟了前行的道路。

相比而言，在某些专门的经济史领域，学者的努力已经开启了突破旧范式之端倪。以经济发展与森林资源变迁的研究为例。广袤的森林具有重要的涵养水土、调节气候的作用，是一个地区乃至地区间保持生态平衡的重要一环。因此，其自身的变化在环境变迁中的作用十分明显。同时，森林本身的用途和其中蕴含的丰富资源是社会经济赖以发展的物质基础，人类社会经济的发展从来就与森林有密切关系的。学界很早认识到了森林在环境史研究中的重要地位，并比较早地开始了研究。1985 年，著名历史地理学家史念海主编的《黄土高原森林与草原的变迁》一书出版，开新时期森林变迁研究的序幕。此后，许多关于森林变迁历史的研究成果问世。比较重要的有史念海的《历史时期森林变迁的研究》[1]，王九龄的《北京地区历史时期的森林》[2]，冯祖祥、姜元贞的《湖北森林变迁历史初探》[3]，蓝勇的《历史时期三峡地区森林资源分布变迁》[4]，林鸿荣的《四川古代森林的变迁》《历史时期四川森林的变迁（续）》《隋唐五代林木培育述要》[5]，暴鸿昌、胡凡的《明清时期长江中上游森林植被破坏的历史考察》[6]，景广学的《历史时期山西地区森林植被之概观》[7]，刘德隅的《云南森林历史变迁初探》[8]，沈孝辉的《中国西北开发的历史教训》[9]，倪根金的《试论中国历

[1] 载《中国历史地理研究论丛》，1988 年第 1 期。

[2] 载《农业考古》，1983 年第 2 期。

[3] 载《农业考古》，1995 年第 3 期。

[4] 载《中国农史》，1993 年第 12 卷第 4 期。

[5] 载《农业考古》，1985 年第 1、2 期；《中国农史》，1992 年第 1 期。

[6] 载《湖北大学学报（哲学社会科学版）》，1991 年第 1 期。

[7] 载《山西大学学报》，1983 年第 3 期。

[8] 载《农业考古》，1995 年第 3 期。

[9] 载《北京观察》，2000 年第 12 期。

史上对森林保护环境作用的认识》[1] 等。

以上文章对中国历史上的森林演化的状况进行了深入细致的梳理和研究，均认为中国的土地上曾经覆盖着广袤的森林，但是在历史发展过程中，这些森林逐渐缩小乃至消失了。而缩小与消失的原因与经济的发展特别是农业、畜牧业的发展有密切关系。为了发展农业、畜牧业，人们不断地毁林开荒，以增加耕地和粮食生产。伴随农业和畜牧业发展而发生的，还有人们为了满足住房需要而不断发展的营造业，中国传统的木制结构的房屋使得人们更加剧了林木的采伐。另外，"人们为了生活还不断地从森林中伐取所需的木料烧柴"[2]。在历史的演进中，这种柴草经济又发展演变为烧炭经济。近代以后，烧炭业又衍化出为矿业的炼矿服务的燃料功能，社会经济对森林木材的需求量猛烈增加，从而加剧了森林破坏的进程。

上述几种经济行为叠加，造成了对森林资源的猛烈破坏。森林面积因之不断缩小，水土流失加剧。史

---

[1] 载《农业考古》，1995 年第 3 期。

[2] 王九龄：《北京地区历史时期的森林》，载《农业考古》，1983 年第 2 期。

念海先生指出，西汉之前，黄土高原还有大片的森林，河水的质量由于森林和草场的涵养而水质良好，因此并无黄河的名称，彼时黄河被人们称为"河水"。西汉以后，随着生态的不断恶化，黄河中的含沙量不断加大，河水的颜色由清转黄，"黄河"的名称才开始出现。黄河的泛滥改道自此以后也不断加剧。到北朝时，关中平原和汾涑平原的森林已经荡然无存，山地的森林面积也不断缩小。到民国时期，山地森林面积已经相当小了，有的地区已经所剩无几。

另外，在那些今天看起来植被比较丰富的地区，如云南等地，与历史时期相比，森林面积也有了比较大的变化。清以前，由于云南地处边陲，森林遭到破坏的程度比较小。清代以后随着锡矿业、熬盐业、烧制砖瓦等业的发展，云南的森林面积迅速缩小。"至清末民国时期，全省森林覆盖情况已经大为降低，特别是滇东、滇中人烟较密的地区，举目皆为濯濯童山。"[1] 刘德隅总结的云南森林资源变迁的主要原因一共有三条，全部与社会的经济活动有关。

---

[1] 刘德隅：《云南森林历史变迁初探》，载《农业考古》，1995 年第 3 期。

学者对中国历史上森林状况变化的长时段考察证明，除由于气候变化带来的影响外，森林的退化以及由此带来的环境变化，与人类的经济活动密切相关，人类的经济开发活动是影响森林形态、数量变化的最重要的原因之一。虽然人类也有植树的习惯，历史上也不乏成规模的植树活动，但植树的数量远远赶不上森林砍伐的数量，森林资源仍然处于不断下降中。

观察上述研究可以看出，20 世纪最后阶段经济史研究中的环境意识复苏，并且获得了良好发展，有关环境问题的研究成果不断问世。但这种复苏绝非简单意义上的回复，而是螺旋式的回复与进一步的发展提高。20 世纪中前期的研究是在经济发展的框架内研究环境问题，在研究经济发展的过程中涉及环境因素，环境问题的探究是为经济史研究服务的，是从属于经济史的探究的。而 20 世纪最后阶段的研究虽然仍然不乏在经济史研究中涉及环境问题的，不乏探究经济史发展中的环境问题的，但是关于经济发展与森林资源问题的研究表明，经济史研究中的环境问题出现了新曙光，那就是在环境史的框架内、在环境史的视野下探究社会经济问题，探究环境意义下经济发展的影响和价值。这样的转变绝非简单意义上的视角转换，而是研究范式、研究思路的转换，是新的研究范式出现的征兆。这种转换将带来问题思考的革命，带来学科模式的变化，带来价值判断的转变，许多似成定论的历史现象、历史问题在新的思考模式下，将重新被审视，许多看似无意义的史料将被重视，许多熟识的史料将被重新审读，新的研究成果的涌现自为题中应有之意。而这样的研究，可以被称为真正意义上的环境史中的经济史研究。

结　语

　　概言之,中国的经济史研究在20世纪的一百年中,走了一条U字形发展道路。在20世纪的前期,经济史的研究中虽然还没有自觉的环境史意识,但是受到时代思潮的影响和对问题研究中科学性的追求,在一定程度上体现了环境意识,并且能够运用到具体的研究中去。由于解救民族危亡和社会变革的急迫性,革命话语始终是20世纪中国的主导话语之一,随着时间的流逝,革命话语变得越来越强烈,有压倒其他话语主宰社会之势。在这种社会氛围下,经济史研究中的环境色彩逐渐淡漠,20世纪中期以后的30年间,环境问题基本从经济史研究中淡出,然由于环境因素在历史发展中的不可避免性,在阶级斗争的话语中,学术研究仍然曲折地反映了一定的环境意识。20世纪后期，随着改革开放和思想解放进程的加快，经济史研究中的环境意识复苏，环境问题再次成为经济史研究的重要考察对象。同时，这种复苏朝着真正意义上的环境史研究转化，环境因素不再是蛰伏于经济史研究中的一个成分，而是以主人的姿态将经济史研究揽于麾下，经济环境史研究崛起，成为环境史研究的重要一环。

参考资料

史料：

[1]　陈家锟:《中国工业史》，中国图书公司，1917 年。

[2]　叶建柏:《美国工商发达史》，商务印书馆，1918 年。

[3]　王庸:《经济地理学原理》，商务印书馆，1926 年。

[4]　林子英:《实业革命史》，商务印书馆，1928 年。

[5]　李达:《中国产业革命概观》，昆仑书店，1929 年。

[6]　吴贯因:《中国经济史眼》，上海联合书店，1930 年。

[7]　陈其鹿:《农业经济史》，商务印书馆，1931 年。

[8]　黎世衡:《中国经济史》，国立北平大学法商学院，1934 年。

[9]　邓伯粹:《经济史》，国立北平法商学院，1934 年。

[10]　蔡源明:《经济地理学概论》，商务印书馆，

1934 年。

［11］ 伍纯武:《世界现代经济史纲要》,商务印书馆,
1937 年。

［12］ 钱亦石:《近代中国经济史》,生活书店,1939 年。

［13］ 余精一:《中西社会经济发展史论》,东西文化
社,1945 年。

［14］ 陈安仁:《中国农业经济史》,商务印书馆,
1947 年。

［15］ 张丕介:《经济地理学导论》,商务印书馆,
1947 年。

［16］ 王志瑞:《宋元经济史》,商务印书馆,无出版
年代。

［17］ 董之学:《世界农业史》,昆仑书店,无出版年代。

［18］ 李权时:《中国经济史概要》,中国联合出版公
司,无出版年代。

［19］ 李兆洛:《李养一先生文集》,咸丰元年维风堂
刊本。

［20］ 王韬:《法国志略》(卷十七),光绪十六年淞隐
庐铅印本。

［21］ 汪敬虞:《中国近代工业史资料》(第二辑),科

学出版社，1957年。

〔22〕 上海社会科学院经济研究所经济史组编：《荣家企业史料》，上海人民出版社，1962年。

〔23〕 上海工商行政管理局、上海市橡胶工业公司史料工作组编：《上海民族橡胶工业》，中华书局，1979年。

〔24〕 上海社会科学院经济研究所编：《刘鸿生企业史料》，上海人民出版社，1981年。

〔25〕 王晓岩编：《历代名人论方志》，辽宁大学出版社，1986年。

〔26〕 龚育之、柳树滋主编：《历史的足迹——苏联自然科学领域哲学斗争的历史资料》，黑龙江人民出版社，1990年。

〔27〕 严搏非编：《中国当代科学思潮（1949—1991）》，三联书店上海分店，1993年。

〔28〕 梁廷枏：《夷氛闻记》（邵循正校注本），中华书局，1959年。

〔29〕 梁廷枏：《海国四说》，中华书局，1993年。

〔30〕 龚自珍：《龚自珍全集》，上海人民出版社，1975年。

〔31〕 魏源：《魏源全集》，岳麓书社，2004年。

［32］ 陈黻辰:《陈黻辰集》，中华书局，1995 年。

［33］ 黄遵宪:《黄遵宪全集》(下)，中华书局，2005 年。

［34］ 梁启超:《梁启超全集》，北京出版社，1999 年。

［35］ 陆定一:《陆定一文集》，人民出版社，1992 年。

［36］ 李文海等编:《民国时期社会调查丛编·宗教民俗卷》，福建人民出版社，2005 年。

［37］ 〔美〕阿格:《近世欧洲经济发达史》，李光忠译，商务印书馆，1924 年。

［38］ 〔日〕野村兼太郎:《英国经济史》，周佛海、陶希圣、萨孟武等译，新生命书局，1929 年。

［39］ 〔日〕嘉治隆一:《俄国经济史》，新生命书局，1929 年。

［40］ 〔日〕石滨知行:《经济史纲》，施复亮、白棣译，大江书铺，1931 年。

［41］ 〔日〕东晋太郎:《欧洲经济通史》，周佛海、陶希圣、萨孟武等译，商务印书馆，1936 年。

［42］ 《政艺通报》《新世界学报》《译书汇编》。

论著：

［1］ 马克思、恩格斯:《共产党宣言》，人民出版社，

1997 年。

［2］　毛泽东:《毛泽东选集》，人民出版社，1991 年。

［3］　苏联中央特设委员会编:《联共（布）党史简明教程》，外国文书籍出版局，1949 年。

［4］　翦伯赞:《中国史纲》，生活·读书·新知三联书店，1950 年。

［5］　中国人民大学经济地理教研室:《外国经济地理学》，中国人民大学出版社，1953 年。

［6］　周谷城:《中国通史》（上册），新知识出版社，1955 年。

［7］　范文澜:《中国通史简编》（修订本），人民出版社，1958 年。

［8］　湖北大学政治经济学教研室编:《中国近代国民经济史讲义》，高等教育出版社，1958 年。

［9］　四川大学经济系五六级同学集体编:《外国国民经济史讲稿》，高等教育出版社，1959 年。

［10］　郭沫若:《中国史稿》（第一册），人民出版社，1962 年。

［11］　周一良、吴于廑主编:《世界通史》（上古部分），人民出版社，1962 年。

［12］ 侯外庐:《中国封建社会史论》，人民出版社，1979 年。

［13］ 傅筑夫:《中国经济史论丛》，生活·读书·新知三联书店，1980 年。

［14］ 李达:《李达文集》，人民出版社，1980 年。

［15］ 赵光武、李澄、赵家祥:《历史唯物主义原理》，北京大学出版社，1982 年。

［16］ 汪敬虞:《十九世纪西方资本主义对中国的经济侵略》，人民出版社，1983 年。

［17］ 肖前、李秀林、汪永祥主编:《历史唯物主义原理》，人民出版社，1983 年。

［18］ 黄逸平编:《中国近代经济史论文选》，上海人民出版社，1985 年。

［19］ 张维邦编著:《经济地理学导论》，山西人民出版社，1985 年。

［20］ 胡兆量、郭振淮、李慕贞等:《经济地理学导论》，商务印书馆，1987 年。

［21］ 陈平:《陈平集》，黑龙江教育出版社，1988 年。

［22］ 王继:《理论社会学》，陕西师范大学出版社，1990 年。

〔23〕 陈其泰:《中国近代史学的历程》,河南人民出版社,1994年。

〔24〕 马金科、洪京陵编著:《中国近代史学发展叙论》,中国人民大学出版社,1994年。

〔25〕 张岂之主编:《中国近代史学学术史》,中国社会科学出版社,1996年。

〔26〕 杨吾扬、梁进社:《高等经济地理学》,北京大学出版社,1997年。

〔27〕 宁可主编:《中国经济发展史》,中国经济出版社,1999年。

〔28〕 白寿彝主编:《中国史学史》,北京师范大学出版社,2004年。

〔29〕 罗平汉:《当代历史问题札记二题》,广西师范大学出版社,2006年。

〔30〕 郭大钧主编:《中国当代史》,北京师范大学出版社,2007年。

〔31〕 梁方仲:《中国经济史讲稿》,中华书局,2008年。

〔32〕 李芹芳、任召霞主编:《经济地理学》,武汉大学出版社,2010年。

〔33〕 〔苏联〕Ю.Г.萨乌什金:《经济地理学》,毛汉英、

张成宣、朱德祥等译，商务印书馆，1987 年。

论文：

[1]　陈平：《单一小农经济结构是我国长期动乱贫穷、
　　　　闭关自守的病根》，载《学习与探索》1979 年第
　　　　4 期，《光明日报》1979 年 11 月 16 日。

[2]　傅筑夫：《人口因素对中国社会经济结构的形成
　　　　和发展所产生的重大影响》，载《中国社会经济
　　　　史研究》，1982 年第 3 期。

[3]　李孔怀：《关于中国封建社会长期延续原因讨论
　　　　述评》，载《复旦学报》，1982 年第 3 期。

[4]　程洪：《新史学：来自自然科学的挑战》，载《晋
　　　　阳学刊》，1982 年第 6 期。

[5]　宋正海、陈传康：《郑和航海为什么没有导致中
　　　　国人去完成"地理大发现"》，载《自然辩证法通
　　　　讯》，1983 年第 1 期。

[6]　王九龄：《北京地区历史时期的森林》，载《农业
　　　　考古》，1983 年第 2 期。

[7]　景广学：《历史时期山西地区森林植被之概观》，
　　　　载《山西大学学报》，1983 年第 3 期。

［8］ 徐日辉：《略谈地理环境对中国封建社会长期延续的影响》，载《甘肃社会科学》，1983年第6期。

［9］ 林鸿荣：《四川古代森林的变迁》，载《农业考古》，1985年第1期。

［10］ 林鸿荣：《历史时期四川森林的变迁（续）》，载《农业考古》，1985年第2期。

［11］ 章清：《自然环境：历史制约与制约历史》，载《晋阳学刊》，1985年第2期。

［12］ 宋正海：《中国古代传统地理学的形成和发展》，载《自然辩证法通讯》，1985年第3期。

［13］ 徐日辉：《再谈地理环境对中国封建社会长期延续的影响》，载《甘肃社会科学》，1985年第3期。

［14］ 杨琪、王兆林：《关于"地理环境决定论"的几个问题》，载《社会科学战线》，1985年第3期。

［15］ 严钟奎：《论地理环境对历史发展的影响》，载《暨南学报（哲学社会科学版）》，1985年第3期。

［16］ 程洪：《封建时代：农业生产方式的历史——再论中国封建社会长期延续的原因》，载《贵州社会科学》，1987年第6期。

［17］ 李桂海：《地理环境对中国社会历史发展的影

响》，载《贵州社会科学》，1987 年第 6 期。

[18] 史念海：《历史时期森林变迁的研究》，载《中国历史地理研究论丛》，1988 年第 1 期。

[19] 暴鸿昌、胡凡：《明清时期长江中上游森林植被破坏的历史考察》，载《湖北大学学报（哲学社会科学版）》，1991 年第 1 期。

[20] 宋正海：《地理环境决定论的发生发展及其在近现代引起的误解》，载《自然辩证法研究》，1991 年第 7 卷第 9 期。

[21] 蓝勇：《历史时期源分三峡地区森林资布变迁》，载《中国农史》，1993 年第 12 卷第 4 期。

[22] 林鸿荣：《隋唐五代林木培育述要》，载《中国农史》，1992 年第 1 期。

[23] 冯祖祥、姜元贞：《湖北森林变迁历史初探》，载《农业考古》，1995 年第 3 期。

[24] 刘德隅：《云南森林历史变迁初探》，载《农业考古》，1995 年第 3 期。

[25] 倪根金：《试论中国历史上对森林保护环境作用的认识》，载《农业考古》，1995 年第 3 期。

[26] 沈孝辉：《中国西北开发的历史教训》，载《北

京观察》，2000年第12期。

［27］ 曹诗图:《关于"地理环境决定论"批判的哲学反思》，载《世界地理研究》，2001年第10卷第4期。

［28］ 黄宗智:《发展还是内卷？十八世纪英国与中国——评彭慕兰《大分岔:欧洲,中国及现代世界经济的发展》,载《历史研究》,2002年第4期。

［29］ 彭慕兰:《世界经济史中的近世江南:比较与综合观察——回应黄宗智先生》,载《历史研究》,2003年第4期。

［30］ 黄宗智:《再论十八世纪的英国与中国——答彭慕兰之反驳》,载《中国经济史研究》,2004年第2期。